云南磨盘山森林结构与生态水文功能

赵洋毅　等著

中国林业出版社

图书在版编目(CIP)数据

云南磨盘山森林结构与生态水文功能 / 赵洋毅等著. —北京：中国林业出
版社，2019. 11

ISBN 978-7-5219-0373-7

Ⅰ. ①云…　Ⅱ. ①赵…　Ⅲ. ①森林群落 – 群落生态学 – 研究 – 云南
②森林生态系统 – 区域水文学 – 研究 – 云南　Ⅳ. ①S718. 54②S718. 55

中国版本图书馆 CIP 数据核字(2019)第 274658 号

出版	中国林业出版社(100009　北京西城区刘海胡同 7 号)
发行	中国林业出版社　　　　电话：(010)83223120
印刷	北京中科印刷有限公司
版次	2020 年 1 月第 1 版
印次	2020 年 1 月第 1 次
开本	787mm×1092mm，1/16
印张	11
字数	280 千字
定价	65.00 元

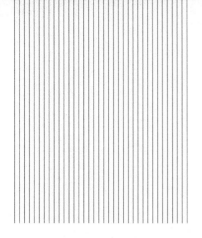

主要著者名单

赵洋毅　段　旭　舒树淼
曹向文　曹光秀　薛　杨

前　言

　　森林是不可或缺的重要资源，同时也是维系地球环境的重要组成部分。然而一直以来世界森林却持续锐减，表现出森林景观的破碎化，引发森林生态系统功能逐步下降，因此对森林的保护和重建是当今世界面临的重要任务。水作为森林生态系统中的首要循环物质，它们之间的相互作用及其在生态系统中功能的综合体现了森林水文效应。森林作为陆地上最重要的生态系统，通过林冠层和树下密集的灌草层和林地上丰厚的枯落物层、排水性能较好的土壤层来截流和涵养大气降水，对森林水资源起到良好的调节和再分配作用，发挥着重要的生态水文价值。在森林生态系统中，森林与水相互作用，二者息息相关，共同推动森林生态系统内部的生物、化学、物理过程。水分含量不足会影响植物的生长发育，进而影响大气组成、土壤结构、森林的功能、能量转换过程。森林内部的水分循环是森林内部重要的水文过程之一，研究森林与水的关系是生态水文学的核心问题。

　　水资源在生物地球化学循环、生物圈内物质循环与能量传递过程中都有着极其重要的作用。目前，随着人口的增加、社会工业化进程的加快，我们对森林资源的开发利用加剧，导致森林系统被破坏，森林资源锐减，破坏了森林系统内部原有的水分循环过程，使得径流量增加，部分地区出现严重的水土流失现象，给人类的生存和发展带来极大挑战。编者通过对中亚热带地区滇中高原磨盘山典型森林群落结构和生态水文功能研究，旨在揭示和量化区域典型林分类型对大气降水再分配的作用，阐明林分的降水分配机制及其生态水文学意义，加强对磨盘山地区的森林植被与水分循环间关系的认识，为合理开发、保护磨盘山的森林植被提供可靠依据，为林分抚育管理及科学经营提供参考，从而更好地调控森林与水之间的关系，在大尺度的流域、水资源管控等方面起指导作用。

本书的出版，受到国家自然科学基金项目（31860235；31560233）和国家林业和草原局云南玉溪森林生态系统国家定位观测研究站运行项目的资助。感谢研究生舒树淼、曹向文、曹光秀、薛杨在野外调查采样、室内实验分析中付出的辛勤劳动。本书可以为从事森林生态水文研究的科研人员提供研究方法和思路，也可供其他林业工作者阅读参考。

由于本书的研究成果仅仅是初步的，书中难免存在错误和不当之处，恳请广大读者批评指正。

著者

2018 年 10 月

目　　录

第 1 章
引　言

　　森林是不可或缺的重要资源，同时也是维系地球环境的重要组成部分。然而一直以来世界森林却持续锐减，表现出森林景观的破碎化，引起了森林生态系统功能的逐步下降。因此对森林的保护和重建是当今世界面临的重要任务。目前人工造林是稳定森林面积的重要举措，但也存在着森林质量下降，结构单一、生态功能差、消耗地力等诸多问题。学者们纷纷意识到只有遵循森林天然生长发展的规律才能实现人工林像天然林一样的可持续发展。事实上长久以来，对森林的可持续经营也一直是人们关注的重点。早在1795年德国林学家Hartig就提出了"森林永续经营的理论"。而为了认识森林的生长和发展规律，就离不开对林分特征的研究。根据现代森林经理学的观点，森林的林分结构是林分特征的重要内容之一，且林分结构又包括空间结构和非空间结构。其中森林空间结构被认为是森林生长过程中的驱动因子，对森林未来的发展具有决定性作用（Pretzsch，1997）。虽然目前我国在森林空间结构研究方面与林业发达国家相比尚有一定差距。但还是率先提出了以森林空间结构为目标的结构优化经营思想，并在建立理论模型（汤孟平等，2004a）的同时开展了初步研究（汤孟平等，2004a；胡艳波等，2006；禄树晖等，2008；惠刚盈等，2008）。这些研究与进展（惠刚盈等，2009；汤孟平，2007），缩短了与国外的差距。

　　我国森林资源短缺，生态环境脆弱，水土流失严重，旱涝灾害频繁，已成为世界上自然灾害最频繁的国家之一（惠刚盈，2007）。20世纪90年代以来，随着人类对森林的生态、社会和经济三大效益的认识逐步深刻，森林被赋予了新的内涵。森林不仅仅是国民经济的重要组成部分，更是生态建设的主体，国土生态安全的保障，社会经济可持续发展的基础。在森林生态系统中，森林与水相互作用，二者息息相关，共同推动森林生态系统内部的生物、化学、物理过程。水分含量不足会影响植物的生长发育，进而影响大气组成、土壤的结构、森林的功能、能量转换过程。森林内部的水分循环是森林内部重要的水文过程之一，研究森林与水的关系是生态水文学的核心问题

（申玉贤，2011）。森林和水作为生态系统中的活跃因子，二者相互影响，成为水文研究的重要组成部分，同时也是现在讨论较多的议题和森林水文学的重要内容之一。对于植物来说，它的一切生命活动、代谢过程都离不开水的参与，水分对森林的生长发育、分布、演替更新都具有不可替代性（薛建辉，2006）。反过来，森林对水分的循环过程具有调节作用，森林植被可以通过林冠层、灌木层、草本层、枯落物层、土壤层对大气降雨进行拦截，发挥其截留作用，改变水分的分布状况。森林独特的水文过程在改变水分分布的同时，又发挥了森林生态系统调节气候、涵养水源、保持水土、净化水质的功能（余新晓等，2004）。近年来，随着社会的发展，水资源短缺问题已成为制约我国经济、社会发展的阻碍因素，同时也是制约森林生态系统多样性、物种多样性的阻碍因素。森林作为陆地生态系统的主体，是不可或缺的重要资源，是提供给我们生产、生活所必须的原材料的产地，如木材、林产品、能源。森林在调节气候、防治污染方面具有重要作用（郗金标等，2007），同时具有保持水土、涵养水源、减小噪音的功效。森林涵养水源的能力主要体现在对大气降雨的拦截、重新分配、滞蓄等方面，并且在影响水分的分布等方面也具有不容忽视的作用。此外，森林具有拦截洪水、削减洪峰、调节径流的产生等功能（曹云等，2006），森林植被对水循环的调节作用直接影响水量平衡的过程（韩永刚等，2007）。例如，北京地区的森林植被由于人为干扰严重，天然林面积急剧减少，目前以人工种植林为主体，人工林对降雨再分配的过程影响着该地区的整个水量平衡过程。更重要的是，森林是维持生态平衡的重要因素，是人类赖以生存和发展的不可或缺的生态系统（孟祥江，2011）。

近年来，由于人口数量的急剧增多和社会经济的快速增长，工农业用水量增长较快，因此水资源的合理利用及保护存储问题长期以来一直都是环境保护学家、生态水文学者及水土保持学者尤为密切关注的研究课题。在大气降雨过程中地表产生的径流会将大量的泥沙随水流冲刷到水库、河道及湖泊中，在此过程中，大量水资源并没有进行有效的存储及合理利用，还造成后续的一些环境问题如下游水资源污染、河道淤积、农田垦蚀、城镇淹没等严重的洪涝灾害，这些生态环境的恶化必将严重危及人类的生存问题。水资源是地球上所有生命的源泉，也是生命体的重要组成部分（吴小丽，2013）。水资源在生物地球化学循环、生物圈内物质循环与能量传递过程中都有着极其重要的作用。目前，随着人口的增加、社会工业化进程的加快，我们对森林资源的开发、利用加剧，导致不同地区的森林系统被破坏（孔亮，2005），森林资源锐减、森林土壤污染严重，滥砍滥伐现象仍然存在，破坏了森林系统内部原有的水分循环过程，使得径流量增加，部分地区出现严重的水土流失现象，给人类的生存和发展带来极大挑战。随着人类社会不断进步，对水资源的需求量短时间内仍然会持续增大，水资源越来越成为制约我们健康发展的重要因素。再加上我国水资源分布极不均匀，南北方水资源矛盾日渐突出，面对水资源短缺、污染严重的问题，我们应加快对水资源的研究，推进重点水源涵养林的研究、保护工作。

　　林业的可持续发展有赖于森林资源的可持续发展。森林是林业经营的主要对象，也是我们生产、生活中不可或缺的重要资源的来源地。定量研究森林生态系统的水量平衡过程，有利于更全面地反映森林的水分状况及其水文变化规律（莫康乐，2013）。在森林生态系统的水量平衡过程中，林冠截留作用突出，而大气降雨随着时间的变化具有不稳定性和不确定性，使得林冠层对大气降雨的截留作用也成为复杂的动态变化过程。影响林冠截留的因素很多，包括大气降雨特征、林分结构特征、林冠特征等（Gerrits et al，2010），其中降雨量和降雨强度的影响最为显著（段旭等，2010）。现存森林植被面积大概占到大陆面积的1/3，在陆地水文过程中发挥着极其重要的作用（Wood et al，2008）。森林作为陆地上最重要的生态系统，通过林冠层和林下密集的灌草层和林地上丰厚的枯落物层、排水性能较好的的土壤层来截流和涵养大气降水，对森林水资源起到良好的调节和再分配作用，发挥着重要的生态水文价值（余新晓，2004；宋吉红，2008）。水作为森林生态系统中的首要循环物质，它们之间的相互作用及其在生态系统中功能的综合体现了森林水文效应（刘芝芹，2014）。森林生态系统内植被覆盖面积的改变会对森林生态系统水量平衡调节的各个过程产生影响（石培礼，2001）。地表植被的覆盖情况是影响水土流失的关键问题之一，滇中地处高原，大部分地区石漠化较严重，海拔高坡度大，土壤层较薄，蓄水能力差等原因造成每年雨季连续暴雨条件下自然灾害频繁发生。土壤表层受降雨侵蚀的动力主要来自于雨滴动能，表层土壤对雨滴的动能起到缓冲作用，在此过程中，原有的土壤结构层被破坏，土壤颗粒被分散，最终导致土壤中降雨入渗量下降及地表产流量的增加（张颖等，2008）。地表植被的覆盖情况主要能从两方面缓解土壤侵蚀，一方面植被地上部分能削减雨滴动能，另一方面植被层根部能改善土壤层的理化性质，综合缓解降雨及坡面径流对土壤的侵蚀作用（Carroll et al，2000）。

　　磨盘山在植物区系上是东亚与南亚、喜马拉雅和印缅区系的汇合处，不少植物南来北至，东进西入，经过长期的生态适应和生态进化过程，形成以本地物种为主体的森林植物群落，而且保留着完整的原始面貌。茂密的枝叶遮天蔽日，深入林间，宛如进入翡翠宫中。多样化的气候、地形和土壤条件，形成了多样化森林类型。实属罕见的半山湿性常绿阔叶的原始森林为中外学者所注目，被专家们誉为镶嵌在植物王国皇冠上的一块"绿宝石"。森林植被类型以云南松天然次生林、元江栲和高山栎为主的常绿阔叶林、华山松人工林等群落为主，针对滇中高原磨盘山森林植被的结构与生态水文效应问题的研究尤为重要。

　　云南松（*Pinus yunnanensis*）是滇中地区典型乡土树种，是我国西南地区荒山造林先锋树种和主要的用材树种。近年来从土壤、气候、水文等方面对云南松群落结构进行了研究（WANG et al.，2010；贺隆元，2011）。有研究表明云南松演变受气候的影响，并预测了随着气候的改变云南松未来适生面积有逐渐减小的趋势（陈飞，2012）。不论土壤、气候或是水文都是云南松生长的客观环境，在生态学中可以具体到生境这一局部环境概念，又被称为林分的立地条件。显然立地条件是林分生长发育的具体环境，由立地因子构成，是森林生态系统研究中不可回避的基本内容。不论林木个体生长或是群落的形成都受到立地因子的作用，所以探究立地因子对森林群落的影响，特别是对林分结构的影响，是科学培育经营森林中十分重要和必要的基础工作。表现为合适的立地条件对云南松的生长和发育起着促进作用，反之则会对云南松的生长和发育造成阻碍。云南松作为滇中地区主要乡土树种，对生态稳定有着不可替代的作用（陈飞，2012）。但是，在季节性干旱条件下云南松苗木的抗性育种则明显制约幼林经济和生态效益的发挥。前人对云南松的遗传育种、苗木培育和丰产栽培技术及化感作用等方面都做了不少研究（许玉兰，2011），但这些研究多局限于技术层面，而对于立地因子对云南松苗木生长、林分结构的影响研究较少。因此，本研究在磨盘山选取不同立地条件下的云南松林固定和临时样地，对其生长特征、林分结构及立地因子进行测定和分析，进而探究影响云南松林分结构的主要立地因子，可为云南松林经营提供理论依据，同时，也对云南松的近自然恢复具有重要意义。

华山松（*Pinus armandii*）作为我国的特有树种（彭舜磊，2009），是我国森林的主要组成树种之一。华山松是温带针叶林中的重要组分，其分布范围广，人工栽植面积大，生态功能较强，在涵养水源、保持水土、净化空气等方面成效显著。在世界范围内人工林已成为森林的重要组成部分，其在生态环境的恢复、重建中发挥巨大作用（彭舜磊，2008）。我国的人工林面积在世界范围内是最大的，由于人工林的种植，在一定程度上满足了社会发展的需要，相对减少了对天然林的破坏，使得生态环境恶化得到缓解（彭舜磊，2008）。目前，很多学者对黄土地区的水文过程进行了深入研究（蔡强国，2007），但云南省的红壤结构特点和物质构成与黄土差异较大，其对坡面水文过程的影响也不尽相同，直接参考或引用不合理。云南省处于我国亚热带季风气候区，水热资源丰富，植物种类多样，位于东亚、东南亚和南亚接合部，有优越的区位优势，在国民经济发展中发挥着不容忽视的作用。该省气候类型丰富多样，大部分地区降雨丰沛且集中，地表径流冲刷严重，干湿分明，土壤呈微酸性，蓄水保肥、抗侵蚀能力较差，导致土壤中养分易流失。森林水文科学的研究具有很强的区域性，现在对长江中下游区域以及与本研究区域相同纬度的其他区域的水文变化研究较多，对亚热带高原季风气候区暖性针叶人工林的水文过程研究较少。以云南玉溪磨盘山地区华山松人工林较长时间的定位观测研究为基础，分析该地区的华山松林随降雨特征（降雨量、降雨量级和降雨强度）的变化规律，幼龄林、中龄林、成熟林不同阶段华山松林对林内穿透雨、树干径流、林冠截留、地表产流的变化规律及影响分配效应，以及与单次降雨事件间的相互关系，探讨不同降雨条件下华山松林对降雨的拦截能力及其差异，旨在揭示和量化不同生长阶段华山松林对大气降雨再分配的作用，阐明不同生长阶段华山松林的降雨分配机制及其生态学意义，加强对磨盘山地区的森林植被与水分循环间关系的认识，为磨盘山华山松人工林的水源涵养，削减洪峰，减少水土流失等水文生态功能评估提供理论依据，为合理开发、保护磨盘山的森林植被提供可靠依据，为林分抚育管理及科学经营提供参考。从而更好地调控森林与水之间的关系，在大尺度的流域、水资源管控等方面起指导作用。

常绿阔叶林是中亚热带地区比较常见的林分类型，林地表面丰富的凋落物能有效地保持地表水分和抑制土壤蒸发，对林地的降雨存储及动能缓冲具有重要作用，特别是天然林地在水源涵养中起着关键性的作用(杞金华等，2012)。因此，将常绿阔叶林作为研究降雨再分配及雨滴动能削减的载体能有效地对中亚热带地区的水土保持效果进行一个综合评价，揭示森林冠层结构特征对穿透雨的影响规律及雨滴动能对土壤的侵蚀作用，为研究区林地防护工程建设及后期土壤侵蚀模型的构建提供科学依据，进而为更大尺度上的水土保持林业防护工程建设和高海拔地区的雨季防洪及水源存储等提供参考依据。

第 2 章
绪 论

2.1 森林立地研究及趋势

2.1.1 立地因子研究概述

立地在生态学上被称为"生境"，指的是林地或其他植被类型与生存的空间及与之相关自然因子的综合。有两层含义：一是指地理位置；二是指某位置环境条件的综合。主要包括了地貌、气候、土壤、水文、地质和植被类型等。故而可以认为在一定时间和地缘尺度中立地因子是不变的。一般因研究地区或地段的不同各立地因子又有主次之分。如对某一地段的林木而言，其主要受地形和土壤两大立地因子的影响。在林分中林分生物量大小一般可以如实地反映林木生长发育情况，且立地因子与林分年龄、密度等共同决定了林分生物量的大小。因此目前较多的探讨立地因子与林分生物量的关系，并且进一步分析立地各因子对林木生长的作用大小。传统的做法是根据多元线性回归等原理把部分定性因子转化为定量因子，通过建立数量化模型来分析各因子对林木的作用。如于成琦等(2005)运用该方法对不同立地因子与麻栎生长进行了相关分析。王鹏(2009)运用该方法对白桦立地条件进行了研究等。

在立地因子的研究中准确全面的数量化处理显得尤为重要。一般立地因子可从变化特点上分为两大类：一类是连续变量如土壤理化性质等，一类则是类型变量如坡向、坡位等。其中对于分类变量可采取分类赋值的办法。如董灵波(2014)对不同坡向，坡位根据光照和水分的不同进行等级划分。结合土壤各指标分析了立地环境对林分结构的影响。对于可直接测量的因子如土壤理化、生物性质，可在标准化处理的基础上，综合得到这样因子的作用大小，如土壤质量指数、土壤酶指数等。

2.1.2　森林立地类型划分

较为完善的森林的立地研究可以追溯到 18 世纪 Karns C A 的工作，他提出了从多因子，如气候、地形、土壤和植被等角度来对森林立地进行分类。在此基础上发展出了以 Hill 为代表的全生境立地森林立地分类（total siete classification）和以 Jurdant 为代表的生物—物理立地分类（bio-physical site classification），以及以 Krajina 为代表的不列颠哥伦比亚省生物地理气候立地分类（biogeoclimatic site classification）等。

20 世纪 50 年代，我国在苏联林型学说影响下开始对立地类型进行划分，制定了"立地类型条件表"。70 年代，随着造林发展的需要，同时在吸收了英、美、日等先进立地分类经验的基础上，建立了"局部森林立地分类系统"和"地位指数表"等，对南方杉木进行了产区划分（Omi et al. 1979）。

对森林的了解离不开森林立地分类与质量评价，随着信息技术的发展，森林立地分类与质量评价正在从定性到定量的过渡，向着综合技术多目标的方向发展（滕维超，2009）。其中因研究角度的不同主要体现在对立地指标的确定上。主要包括：①考虑到植被和环境的统一，主张将植被纳入立地分类的依据；②以林木生长的环境，包括气候、地形、地质、地貌水文等外界因素作为立地分类的依据，具有标准化意义。目前通常采用的标准都介于二者之间，即选择表征立地条件的重要因子，其中既包括了植物也包括了环境。选取方法一般结合了定性与定量的特点，即从立地的含义和分类出发，也包括了量化筛选。

2.1.3　森林立地质量评价研究

森林立地的分类必然带来了对立地质量的评价。其目的在于衡量该立地环境对森林生长和发展的作用。其评价办法主要包括：①地位指数法；②材积或蓄积量评价。

地位指数法是指通过特定基准年龄优势木的平均高度值，由于它能预估林地最终生产能力，同时也能代表对立地条件最大响应，因此被广泛应用于立地质量评价中。其使用又可分为直接与间接。所谓直接是使用优势木的树高来进行评价，即通过编制一组地位指数曲线，直接对立地质量进行评价。但这种方法存在缺陷，因为不同龄级并不一定占有相同的立地条件。间接是指通过立地因子与标准年龄树高的关系，建立主导因子，然后数量化立地质量得分表，划分不同立地质量等级。如陈昌银等（1994）在调查了 85 块标准样地后，通过立地指数表进行了立地质量评价，其方法是将各因子得分值由大到小划分为 4 个范围，为 4 个立地质量等级：优、良、中、差。

材积或蓄积评价相对于地位指数法更加直接，但如何排除林分密度的影响是解决以材积作为评价指标的首要问题（朱万才等，2011）。之前的工作已经对这一问题有了一定解决。如骆期邦（1990）首次在我国提出用蓄积量作为指标进行立地质量评价，该成果确定了标准林分密度(认为当林分郁闭度刚达 1.0、树冠必然产生重叠、林分平均立木树冠为正圆、且株行距为等距时,其单位树冠面积为单位林地面积的 1.57 倍),通过收集接近标准状态的林分的胸径与树冠的样本资料,建立树冠面积与立木胸径的回归模型,在标准密度的基础上计算树种的林分蓄积量,以林分蓄积量最大作为选择树种的依据即立地评价的依据。

另外,目前也有研究将立地因子直接数量化。其方法是通过对立地因子的权重处理获得各立地得分,然后将立地得分类似的地区归为一类进而进行立地质量评价。从研究目的来看,这种方法侧重于对客观立地本身作出评估,如对于某些恢复地区,当植被并不能完全反映立地质量时,该方法更为简洁和客观。

2.2 林分结构研究及趋势

林分结构含义广泛,目前尚无统一定义。一般认为林分结构包括树种组成、个体数目、直径树高分布、年龄分布及空间配置规律等。林分的这些基本特征都是林分在一定立地条件下不断发展的结果,同时也会对林分的进一步发展产生作用。如林分的胸径分布受到林分自身演替的影响,同时也离不开物种的特性和组成、也受到自然灾害和采伐的影响。在此基础上林分进一步发展,特别是在空间配置的作用下,这种发展变得有迹可循。如林木的大小多样性,既受到树高、胸径的影响也离不开空间配置的作用。因此就空间配置的有无,可以将林分结构分为非空间和空间结构。其中非空间结构可以是衡量林分整体且不涉及空间视角的特征指标,包括林分组成、直径分布、树高分布、年龄分布等。空间结构则是直接衡量林分空间结构的指标,可以是空间分布格局、混交、大小分化等。通过上述指标可以对林分状态和空间分布信息有较全面的了解(ZHANG et al. 2004),同时也就意味着好的林分结构是森林充分发挥多种功能的前提(惠刚盈,2009)。

2.2.1 林分非空间结构研究

林分的物种组成是林分非空间结构的最基本特征。目前除了简单的罗列林分的物种组成以外,许多学者采用如多样性和丰富度来衡量林分物种组成。在此基础上探讨群落结构、功能及环境变化对物种组成的影响具有重要意义,同时有了对群丛划分的理论基础。通过多样性指标可以很好的判断群丛性质从而实现分类。近年来除了传统聚类分析外,TWINSPAN、DCA、GNMDS 等分类方法应用广泛。如康凯敏等(2015)应用 TWINSPAN 对太宽河自然保护区板栗群落进行了数量分类与排序,取得了翔实结果。另外借助信息论等相关概念,还出现了通过计算信息关联来分类的办法(组元刚等,2005)。

林分中直径和树高表现出的基本特点包括平均胸径、树高以及胸径、树高分布等。平均的意义在于得到分布均值，而分布的大小则表现出胸径、树高的整体特征。在分布方面，目前普遍采取的方法是通过分布模型来对胸径分布规律进行拟合，进而分析直径分布的特点。除了传统的径阶直方图外，应用 Weibull 分布的研究往往可以取得良好效果。如罗文娟(2010)等就利用 Weibull 分布对冀北山区不同森林类型林木胸径进行了研究。结果表明山杨白桦混交林预测值曲线对实际情况的解释程度非常高。同时一般认为胸径树高存在幂异速关系，即 $H \propto D^{2/3}$，其中 H 为树高，D 为胸径，则树高分布也遵从 Weibull 分布(宁波，2007)。Weibull 分布函数的优点在于其各个参数有清楚直观的解释和意义，并可以拟合出各种形状和偏斜度。因参数的预估较为简单且其累积分布函数具有闭合性(BAILEY et al.，1973)，故广泛适应于同龄、异龄各类型林分结构研究。Weibull 分布的概率密度为：

$$f(x) = c/b(x - a)c^{-1}\exp(-(x - \alpha)^{c/b})$$

其中 a、b、c 均为参数。在实际中多取位置参数 $a = 0$，则参数减小到 2 个。又因尺度参数 b 是一个整体尺度参数，故只有 c 才是 Weibull 分布中具有实质意义的参数。如 $c < 1$ 时函数呈倒 J 形；$1 < c < 3.6$ 函数呈正偏山状分；$c \approx 3.6$ 则函数近于正态分布；而当 $c > 3.6$ 时函数可为山状负偏分布(惠淑荣等，2003)。另外 Weibull 分布允许根据实际情况修正模型参数，其拟合的结果优于传统的拟合方法，这体现了 Weibull 分布的实用性。较之于传统的正态分布，Weibull 分布因充分的参数设置，在研究森林结构规律中有较强的灵活性与实用性。另外近年来同样应用广泛的还有 q 值理论。该理论认为在未受到干扰的天然异龄林林分中连续 2 个胸径级间林木株数的比例趋向于一个常数(q)：

$$x_{td} = \frac{x_{td} - 1}{q}$$

其中，x 为在 t 时刻中径级为 d 的立木株数。q 是一个递减系数或常数(牟惠生，1996)，于是 q 值的序列和均值可以表达林分的径级株数分布状况。q 值控制着曲线的平滑程度，指示着径级株数分布情况。Meyer(1952)在研究美国宾夕法尼亚州高山橡树时，发现 q 值在 1.2 到 2.0 之间变动。Leonard(1961)则认为 q 值应该在 1.2 到 1.5 之间。因 q 值理论较 Weibull 分布更加简洁和直观，特别是在天然异龄林的实际经营中应用广泛。在美国 q 值理论已经用于异龄林经营活动，同时国内的相关研究也得到展开(吕勇，1997；郭丽虹等；2000)，意味着 q 值理论的成熟。

2.2.2 林分空间结构研究

林分除了上述特征信息外，还存在因空间分布不同而导致的差异信息。显然非空间结构的信息是无法衡量这种差异的。因此必须从空间分布的角度对林分结构进行数量化处理，才能对林分结构信息有准确的把握。事实上森林空间结构指的是同一森林群落内物种的空间关系，即林木的分布格局及其属性在空间上的排列方式（Junran et al.，1997）。显然林分空间分布在一定程度上决定了林分对资源的利用，对林分的生长、发育、发展和稳定都起着重要作用，故其重要性在诸生态因子中排在首位。那么如何描述林分空间的分布差异是林分空间结构研究的重要内容。首先要对林分结构的空间位置进行调查，通常有三类方法：统计调查样地内小样方的株数分布；测量任意树木到其最近邻体的距离；每木定位得到林分内林木坐标的位置点图。针对三种调查方法对空间格局的研究有样方法、距离法和角度法（惠刚盈等，2003）。其中样方法大多采用统计学原理，如泊松分布，负二项分布，方差均值比率法，负二项参数 K 值，丛生指标，扩散型指数 I_δ，平均拥挤度和聚块性指标，Cassie 指标，分布型指数法，单指标方法，多指标回归分析法等。但是样方法局限于样方的大小，因而其所得到的分布格局并不准确。

通常采用最近距离指数方法，将林木和相邻木之间视为一空间结构单元，分析和统计这些单元，便得到了空间结构特征。惠刚盈等（2009）提出角尺度、大小比数和混交度等指标（表1-1），在定量描述林分的空间结构方面取得了较好效果，并且已广泛应用于结构化森林经营工作（惠刚盈，2003）。其中角尺度描述林分均匀性；大小比数能衡量树木间的优势度分化，并且可以在一定程度上判断林分中某种林木的优势度大小；而混交度则可以从空间的角度衡量物种的多样性。在此基础上国内不少学者纷纷做了许多应用上的研究，如张春雨等（2006）研究了长白山红松阔叶林的空间格局。而围绕着这三个指标尚有一些列应用与拓展。如董灵波等（2013）将空间格局指数与微观经济学中的柯布-道格拉斯生产函数相结合，得到了林分空间结构的生产函数，并定义

表1-1　空间格局指数

分布格局指数	公式	说明
大小比数	$U_i = \frac{1}{4}\sum_{j=1}^{4} k_{ij}$	如果相邻木 j 比参照木 i 胸径小 $k_{ij}=1$，否则 $k_{ij}=0$
平均大小比	$\bar{U} = \frac{1}{t}\sum_{i=1}^{t} U_i$	t 为所调查参照树的数量
角尺度	$W_i = \frac{1}{4}\sum_{j=1}^{4} Z_{ij}$	如果第 j 个 a 角小于标准角，则 $a_0 Z_{ij}=1$，否则 $Z_{ij}=0$
平均角尺度	$\bar{W} = \frac{1}{n}\sum^{4} W_{ij}$	n 为所调查参照树的数量
混交度	$M_i = \frac{1}{4}\sum^{4} v_{ij}$	如果相邻木 j 比参照木 i 胸径小 $v_{ij}=1$，否则 $v_{ij}=0$
平均混交度	$M_i = \frac{1}{N}\sum M_i$	n 为林分中株数

了林分空间结构指数（FSSI）。另外以空间为参照还提出了成层性表达、竞争指数等（安慧君，2003）。

近年来基于最近邻体数学的相关理论出现了一系列较新颖的衡量林分空间结构的指标及方法，且这些指标具有更加广泛的内涵。如对于植物种群在群落中的分布格局与空间尺度有密切关系这一点，在传统的样方法中仅能衡量一种既定的尺度。而以种群空间分布的坐标点图为基础的点格局法就可以分析各种尺度下的种群格局和种间关系（Young blood et al.，2004）。Yasuhiro 等（2007）就用单变量和双变量空间分析方法，其中主要是 Kipley's 点格局分析方法，研究了日本北部北海道针叶林和落叶阔叶林 10 年间的空间格局动态变化。Motta 和 Edouard（2005）用空间格局分析研究意大利皮德蒙特高原苏萨山谷上部混交复层林林分结构和动态。Young blood 等利用 Ripley's $K(t)$ 函数对北部加利福尼亚州和俄勒冈州松树老头林（old-growth）林分结构进行了研究。

对于空间的研究是十分广泛的，也常见借助于信息测度、计盒维数、生态场等理论研究空间分布的成果。如计盒维数将林分空间结构视为分形体，通过衡量其分形维度的大小来反映空间结构特征。维数越大，表明物种对空间的占据程度越大，越聚集。反之则表明物种对空间的占据程度越小，越分散。具体方法是设 F 是 R^n 上的非空的有界子集，$N_\delta(F)$ 直径最大为 δ。可以覆盖 F 的集的最少个数，则 F 的下、上盒维数分别定义为（李亚春等，2003）：

$$\mathrm{Dim}_B F = \lim_{\delta \to 0} \frac{\log N_\delta(F)}{-\log \delta}$$

$$\overline{\mathrm{Dim}_B} = \lim_{\delta \to 0} \frac{\log N_\delta(F)}{-\log \delta}$$

当上下盒维数相等，则称这两个值为 F 的盒维数，为：

$$\mathrm{Dim}_B F = \lim_{\delta \to 0} \frac{\log N_\delta(F)}{-\log \delta}$$

那么在应用到空间结构中则仅须统计不同尺度小格中是否出现了林木，并加以极限化逼近。因而具有计算简单，结果准确等特点。

生态场诞生于 20 世纪 80 年代，于 90 年代被引入我国。它是将物理学中场的概念借用到了生态学中，并认为植物对资源的占据会影响到相邻植物，并且这种影响随着距离、场源植物的不同而发生改变，这一点和场的行为极为相似。所以通过对场的描述就可以获得植物对空间资源的量化指标。在生态场的研究中可以转化为对生态势的研究，生态势定义为（王德利，1994）：

$$\Phi(r) = k\zeta(r) \frac{R}{N}$$

其中 k 代表系数，R 表示相对生长速率，$\zeta(r)$ 表示衰减系数方程，N 表示生态位。通过对生态势的测算可以获得植物的生态场，最终绘制成植物的二维或三维的生态场分布图，于是便可以获得林分空间结构的生态场结果。

2.3 森林生态水文功能研究

2.3.1 森林水文学研究

森林和水是森林生态系统的重要组成部分。森林作为生态系统的主体，森林内部的各项物质循环、能量传递都离不开水分的参与，二者关系密切，相互影响的同时又相互作用。森林生态系统内的水循环主要包括大气降雨，森林植被的截留作用，坡面流、壤中流和地下径流的产生，水分渗透、蒸发几个方面。在这几个环节中就伴随着森林生态系统内的物质、能量转换过程。水循环是一个复杂、受多种因素影响的过程，可以利用生态水文模型对其研究，定性分析其过程。森林的水文生态功能主要包括改变大气降雨的分布、净化水质、保持水土、涵养水源、抵御旱涝灾害、调节小气候，为了充分发挥并增强森林的水文生态功能，人们逐渐开展对森林水文的研究工作。

在 19 世纪末到 20 世纪初期间，人们逐渐意识到森林水文的重要性，开始把森林水文作为一门科学来研究。国外研究森林与水的关系发展较早，从 20 世纪初开始发展，早期的研究主要针对森林系统内的某一个水文现象进行(高甲荣等，2001)，有一定的局限性。直到 20 世纪中期，随着森林水文学的不断发展，研究范围也得到拓展，并开始了在生态系统水平上的研究(中野秀章，1983)，如研究森林的演替变化对人类生存环境的影响作用。森林生态水文过程包括森林植被的截留、枯落物的截留、土壤中水分的运动、土壤蒸发、地表径流的形成等方面(Wilcox et al.，2005)，这一概念阐述了森林生态系统内部不同时空层次间的水分运动过程。对这一过程的研究相对较早，并且取得了一定的成果，为后面森林生态系统内水分的运动机制发展奠定了基础。除了对森林水文过程的研究，在早期还进行了部分影响研究，如分析森林砍伐后对周围环境中径流的影响作用。在 20 世纪 60 年代，Bormann 和 Likens 把生态系统和森林水文学相结合，创立了研究森林水文的新方法，即森林小集水区实验技术法。在 20 世纪 90 年代后，森林水文学的研究更侧重于水文过程及生态学过程(王金叶等，2008)。20 世纪末，在瑞士埃曼托尔山地进行的两个小流域的对比试验成为现代实验森林水文学的开端(王礼先等，1998)。进入 21 世纪后，森林生态水文学进一步快速兴起、发展。

森林水文学属于水文学下发展而来的分支学科，旨在研究森林与水的关系(鲁兴隆，2008)。森林水文学首先在北美和欧洲被确立为一门独立学科，而在我国发展相对较晚，新中国成立后才开始进行森林水文学的研究。美国学者首先提出了森林水文学学科的术语，但却未给出具体、确切的定义，他把影响森林生态系统的某些方面，如降雨、河流，称为森林生态学。这一学科术语的提出促进了各国学者对于其内涵的探索，为以后森林水文学科学术语的正确提出奠定了基础。

在森林水文学的发展过程中，主要有经典森林水文学和现代森林水文学两个不同发展阶段（闫俊华，1999）。经典森林水文学的主要研究内容是森林影响学。1864年德国学者Ebmayer通过在巴伐利亚建立森林气象站的方式，对当地的降雨量、土壤蒸发以及枯落物层对地表蒸发的作用进行分析研究，为森林水文的研究工作开辟了新思路。之后，在工业相对发达的国家，为了满足人们对水资源的需求量，对于森林生态系统调节水分的过程、涵养水源的能力等方面进行深入研究。此外，还对森林覆盖率与河流的流量之间的关系进行了分析。1948年Kittredge在《森林的影响》中阐明了森林与水的关系，并对经典森林水文学的研究情况作了较全面的论述。而后生态系统概念的提出，使得森林水文学在小流域、生态系统尺度上进行研究，扩展了研究范围，更新了研究的理论方法、仪器设备，从而产生了现代森林水文学。现代生态学开展长期定量化研究，使生态系统的理论可以和水文学结合，定量地分析森林生态过程。现阶段，人们对森林水文的研究方法进行了不断的探索，同时数学、计算机、遥感等的不断运用，使森林水文学研究从定性分析阶段转变到定量分析阶段。

涵养水源的功能是森林系统生态功能的重要组成部分，主要体现为对降水的拦蓄和蓄积作用。水分在森林生态系统中的循环过程包括降雨、降雨截持、干流、蒸散、径流等，构成了森林的水文过程（刘珉，2012）。降雨截留和林地蒸散的机制与大气、植被层和土壤层的多层界面有关。森林流域的产流量取决于降雨量的大小及各个层次对降雨的分配作用，林冠层作为降雨与地面接触的第一个下垫面，林冠层密集的枝叶对降雨起到重要的降雨分配和水文调节作用，在防止林地土壤侵蚀中能有效减少雨滴能量对地表的冲击力，延长降雨和产流时间，从时间和能量两个方面来保护林地土壤。

在19世纪末到20世纪初期间，人们逐渐意识到森林水文的重要性，开始把森林水文作为一门科学来研究。国外研究森林与水的关系发展较早，从20世纪初开始发展，早期的研究主要针对森林系统内的某一个水文现象进行（高甲荣，2001），有一定的局限性。直到20世纪中期，随着森林水文学的不断发展，研究范围也得到拓展，并开始了在生态系统水平上的研究，如研究森林的演替变化对人类生存环境的影响作用。森林生态水文过程包括森林植被的截留、枯落物的截留、土壤中水分的运动、土壤蒸发、地表径流的形成等方面（Wilcox et al.，2005），这一概念阐述了森林生态系统内部不同时空层次间的水分运动过程。对这一过程的研究相对较早，并且取得了一定的成果，为后面森林生态系统内水分的运动机制发展奠定了基础。除了对森林水文过程的研究，在早期还进行了部分影响研究，如分析森林砍伐后对周围环境中径流的影响作用。在20世纪60年代，Bormann和Likens把生态系统和森林水文学相结合，创立了研究森林水文的新方法（森林小集水区实验技术法）。在20世纪90年代后，森林水文学的研究更侧重于水文过程及生态学过程(王金叶等，2008)。20 世纪末，在瑞士埃曼托尔山地进行的两个小流域的对比试验成为现代实验森林水文学的开端(陈鑫，2016)。进入 21 世纪后，森林生态水文学进一步快速兴起、发展。

林冠对降雨的截持作用在森林生态系统中是一个十分关键的水文过程，从水分走向来看林冠截持的降雨有两方面，分别为降雨时的蒸发量和雨后的蒸发量(孙向阳等，2013)。其中影响降雨时蒸发量的因素包括植被蒸发面积、林木结构及降雨期间的气象因子等，而雨后蒸发量可以通过水量动态平衡方程来推算，即确定林冠层的容量和预期蒸发量就能推算出林冠截持的降雨量。气象条件相似时，林木冠层的容持量决定了该林分的降雨截留量，其中容持量是对冠层结构的一个综合反映(孙向阳等，2013)。冠层容量的测定方法有直接测定法包括浸泡法、人工降雨后对枝叶称重法、微波传输法等，间接测定方法通过林内穿透雨、树干径流量与林外大气降雨三者的关系来进行推算(孙浩，2014)。

2.3.2　坡面水文过程研究

坡面水文过程主要包括降雨、蒸发、地表产流、入渗等要素在坡面的动态变化过程。在坡面降雨事件中，地表产流、土壤入渗、壤中流等在不同坡度、降雨量、降雨强度等影响因子的作用下，其水量平衡发生动态变化，坡面受大气降雨击打和地表产流的冲刷作用，这一水量动态变化过程即为坡面水文过程(侯旭蕾等，2013)。

降雨是发生坡面产流的直接原因，而降雨强度是导致土壤侵蚀的直接动力。目前，对于降雨特征对红壤地区坡面影响的研究较多，并且主要集中在坡面的产流特征及侵蚀方面。降雨强度的变化会影响坡面土壤颗粒受到的打击侵蚀力的大小，从而影响地表径流量，地表产流对坡面土壤的冲刷力大小发生改变，使得坡面水文过程发生变化。在坡面水量平衡方面，研究主要集中在坡面产流量对入渗量、入渗强度的影响方面(侯旭蕾等，2013)，其中降雨的改变、土壤理化性质也会影响坡面产流的形成。降雨的发生是水循环过程、水量平衡的重要环节，产流过程受降雨特征的影响，坡面中受雨面积内的降雨直接影响径流形成。降雨量、降雨强度特征的时空变化，会使坡面产流更加多样化、复杂化。径流过程是坡面水文中重要的水文过程之一，是水量平衡中不可或缺的基本要素，主要包括地表径流、壤中流、地下径流三种形式。在森林生态系统中，大气降雨经过森林植被的截留作用后到达枯落物层，当到达枯落物层的降雨量达到最大蓄水量时，多余的降雨开始入渗到土壤中，在土壤中形成壤中流，当降雨不断增大时，地表逐渐形成地表径流。近年来，很多国内外学者对径流的产生进行了研究，研究表明土壤的性质、地形条件、森林植被条件、枯落物层在一定程度上都会对径流的形成产生影响，森林植被还会对径流的组分产生影响。有研究表明，森林植被能够增加林下土壤的入渗能力(董三孝，2004)，土壤水分入渗增加使得径流的形成减少。森林与径流的关系一直是国内外学者争论的问题之一，其焦点是森林植被是否能够增加流域的径流量。目前，多数学者认为森林能够减少洪水量、削弱洪峰流量，但这种作用并不是无限的（祝志勇等，2001）。

在有降雨发生的情况下，土壤入渗也随即发生。降雨量的变化能够影响土壤的入渗量。此外，降雨强度也是影响入渗量大小的重要因素，降雨强度的变化能够改变降雨动力，不同降雨强度下坡面表层土壤受降雨冲击力不同，使得土壤结构、孔隙度发生改变，进而影响雨水入渗。因此，土壤入渗大小与降雨强度关系密切（卢济深，2003）。1945 年，美国 Hotorn 通过对坡地产流进行研究，提出了产流下渗理论，即当降雨强度小于土壤下渗能力时，降雨全部下渗到土壤中，当降雨强度超过土壤下渗能力时，土壤吸收率即为其下渗能力，其余部分为产流（Horton，1945）。1966 年，Rubin通过对土壤入渗的研究，显示不同降雨强度下土壤入渗曲线的形式是相同的，当降雨发生时间足够长时，降雨强度与土壤的稳定入渗率、入渗量均无相关性，但土壤的瞬时入渗速率则与雨强和降雨强度随时间的变化有关。20 世纪 90 年代末，有学者研究表明大气降雨下渗后产生径流的大小与土壤的侵蚀密切相关，之后仍需增强降雨强度与土壤入渗性关系的研究（曾涛，2010）。在我国，对降雨过程中坡面土壤入渗过程也作了相关野外调查和实验研究，并取得了一定的研究成果。2009 年，张会茹等（2009）通过对红壤坡面进行分析，得出坡面入渗率随坡度的增大而增大，当坡度达到 20°后，坡面入渗率随坡度的增大而减小，且径流率与降雨历时可以用幂函数表示，入渗率与降雨历时可以用对数函数表示。章俊霞等（2008）通过对影响红壤入渗的不同因子进行研究，表明在降雨量和降雨强度较小时，土壤入渗量受土壤前期含水率的影响较大，当降雨量和降雨强度较大时，土壤入渗率受降雨影响较大。

按照侵蚀力的不同，土壤侵蚀可分为水力、风力、重力和冻融侵蚀四种，而水力侵蚀的分布在全球范围内最广泛。坡面水力侵蚀有雨滴溅蚀，产流面蚀，沟蚀等多个过程，而坡面产流因能够分离和搬运泥沙而成为土壤侵蚀的重要影响因素。因此，为了保持水土、防止水土流失，研究不同土壤类型的侵蚀过程具有十分重要的意义。在19 世纪后期，德国最先发起了对土壤侵蚀的研究，通过建立实验小区的方法分析了当地的植被覆盖度、坡度、坡向等因子对土壤侵蚀的影响过程（陈志强等，2011）。直到20 世纪 40 年代，对土壤侵蚀的研究开始从侵蚀过程产生的描述发展到对其产生机制的定量研究。在 1944 年，首次通过实验研究提出侵蚀可分为雨滴侵蚀、径流侵蚀、雨滴搬运和径流搬运四个不同过程（侯旭蕾，2013）。到了 20 世纪 50 年代，侵蚀学家Wischmeier 联合多个相关单位，创建了美国通用土壤流失方程 USLE（university soil loss equation），这一方程的创建成为土壤侵蚀预测发展中的里程碑（杨磊等，2011；Hafzul-lah Aksoy et al.，2005）。自从进入 20 世纪 80 年代，新科学技术、新方法的更新在很大程度上带动了土壤侵蚀科学的迅猛发展。之后，通过不同的预测模型促进、深化侵蚀机制、过程研究。在 20 世纪 50 年代我国开始关注土壤侵蚀科学，初期研究区域大部分在黄土高原地区进行，并取得大量具有现实意义的研究成果，为其他地区以后的土壤侵蚀研究提供了理论基础。进入 70 年代，我国开始应用人工模拟降雨方法对土壤侵蚀进行研究，在机制机理、土壤评价和侵蚀过程等研究中具有促进作用。20 世纪 80 年代后，新技术的应用在土壤侵蚀的研究分析中起重要作用。

　　降雨是发生土壤侵蚀作用的主要自然动力。土壤侵蚀作用是在多种自然、人为影响因子共同作用下发生的。其中降雨特征对坡面侵蚀的影响主要有 3 个方面，即影响坡面径流的产生并决定径流量大小、影响土壤颗粒经击溅后的分散程度、影响坡面径流经雨滴的击溅作用后的输移能力。土壤侵蚀能够引起土壤的养分流失、土壤质量退化等问题（王丽艳等，2011），对我们的生产、生活造成不利影响。因此，土壤侵蚀一直是我国科学研究的重点。在我国南方红壤分布地区，其降雨量偏大，水热资源丰富，全年降雨时间相对长，雨季多暴雨等强对流天气，为土壤侵蚀的发生提供了动力，使得我国南方成为水土流失严重的地区（郑华等，2004），其中降雨和地形特征成为该区域土壤侵蚀、退化的最主要影响因素。因此，分析降雨特征对土壤侵蚀的影响机制，对于水土流失的治理具有重要的参考价值。目前，国内外学者通过天然降雨与人工模拟降雨相结合的方法，对土壤侵蚀的过程、机制进行了深入研究，并得出不同类型的关于坡面产流与产沙关系的方程及水文模型（蔡强国，2007）。

2.3.3　森林生态系统的降雨再分配功能研究
2.3.3.1　降雨再分配及其影响因子研究

　　森林林冠具有复杂而茂盛的枝干和树叶，降雨落到地面之前林冠是其接触的第一个下垫面，枝叶能对大气降水进行重新分配和调节，发挥了森林生态系统强大的生态水文功能（徐丽宏等，2010）。经过林冠层的降雨对地表土壤的侵蚀动力有所削减，对地表土壤起着重要的保护作用，对林区的水源涵养贡献一定能力。

　　国内有关森林对大气降水的再分配作用研究始于 20 世纪 80 年代后期，研究对象主要以常绿阔叶林为主（刘世荣等，1996）。到 20 世纪 90 年代后，全国各地相继都有关于林冠截留研究进展，研究对象不再是单一的树种，已经涉及各种森林类型（巩合德等，2005；张一平等，2003；崔启武等，1990；魏晓华等，1989；董世仁等，1987）。对于森林对降水再分配的研究起初只是进行简单的定量研究，但不同研究区的气象、地理及植被条件等都比较复杂，研究结果存在较多的差异性。截至目前，国内外的水文学家在林冠对降雨截留再分配方面做了大量的研究工作，研究成果在研究基础方面取得很大进步。随着数学、物理、化学、生物、地理等学科与水文研究的结合，一些新的研究方法如模糊数学、灰色理论等能更好地和水文学结合（李国华等，2012），将进一步加强水文学研究成果适用于水源涵养及水土保持的实际建设工作中。

林冠截留受多种因子影响是一个比较复杂的过程，主要影响因子分为三大类：降雨特性、气象条件、林木结构特征（张光灿等，2000；万师强等，1999）。在降雨开始阶段，雨量较小及雨强较弱时，林冠截留效果比较明显，大部分降雨被截留，随着截留达到饱和后，截留量不再增加或无明显增加（肖洋等，2007；薛建辉等，2008；任引等，2008；曹云等，2006；陈引珍等，2005；王彦辉等，1993）。气象条件中例如风速、风向、空气湿度、温度等因子都会影响林冠的截留效果（李奕，2016；韩诚等，2014；张焜等，2011）。林木林冠结构方面包括林分的空间结构分形维数、大小比数、角尺度及非空间结构中的平均胸径、平均树高及冠层厚度、郁闭度等对林冠截留都存在一定影响（王磊等，2016；孙涛，2015；曾伟 等，2014；张家洋 等，2011），并且天然林冠层结构较人工林的冠层更为复杂，对降雨的截留效果更为明显（孔维健，2010；张一平等，2004）。

不同森林结构类型对同气象条件下的降雨截留效果存在很大差异，针对滇中高原常见的几种森林类型，夏体渊等（2009）研究表明云南松林的林冠截留率较大；并对其余 3 种林型进行研究发现：林冠截留量、穿透降雨量和树干径流量三者的配比率一致，但云南松林在降雨量和雨强较小时，树干径流量比率较小，只有 2.4%。就全国各地区研究结果而言，亚热带高山常绿阔叶林的林冠截留效果最为明显，不同地区的不同树种林冠截留率在 11.2% ~ 50.0% 之间，变动系数为 13.45% ~ 48.63%，降雨量较小时，截留率达到 100%。一般旱季的截留率要大于雨季，阔叶树种大于针叶树种（刘世荣等，1996；李国华等，2012）。

2.3.3.2 林冠截留降雨模型研究

林冠截留的相关研究从一百多年前就已经开始，研究模型里最早使用的经验模型以概率论和数量统计为基础，研究过程中计算形式简单、所用模型参数少，研究结果与实际情况存在较大误差（李振新等，2004；邓世宗等，1990；曾德惠等，1996）。经验模型可以比较明确地反映截留动态过程，不受地区和树种限制，但形式复杂、参数很多、难以应用于实际（王馨等，2006；张光灿等，2000；刘家冈等，2000；曾德惠等，1996）。后期使用的半经验半理论模型在经验模型的基础上加入研究背景中的理论支撑，因地而异，研究结果比较精确，实用性较强。

不同学者由于其研究方法及研究环境不同，导致对林冠截留的处理方式不同，最终形成了多样的林冠截留模型（刘世荣等，1996；刘曙光，1992）。国内外相关学者将研究模型主要分为经验和半经验理论模型两种，其主要是根据林冠截留的相关影响因子确立的（王彦辉等，1998），几乎所有的截留过程都具有较强的复杂性，不同条件下测定的截留值并无可比性，因此比较实用的半经验、半理论方程及其拟合方面是目前大部分林冠截留模型中研究较为广泛和深入的部分（宋丹丹，2015）。经过诸多学者的论证，目前应用比较广泛和相对完善的模型有 Rutter 模型和 Gash 解析模型两个。通过计算林冠和树干的水量平衡动态方程推算林冠截留量的是 Rutter 模型，而对 Rutter 模型采用线性回归模型对其进行简化构成了 Gash 解析模型（宋丹丹，2015；张志强等，2001）。Rutter 微气象模型和 Gash 解析模型用于总结前期的研究结果，研究涉及的各类影响因子较为完善，国内许多学者以这两个模型为基础对不同地区开展研究并已取得相关成果（Attarod et al.，2015；杨令宾等，1993）。而早期因没有考虑降雨强度、林分特征等因素对截持的影响，而构建的如 Horton，Leonard 及 Helvey 等截持模型，不能推广到试验地以外的其他林地使用（Rutter et al.，1977）。后期 Valente 等（1997）对这两个模型进行修正，以便于更好地适用于模拟稀疏林冠的降雨截留过程。

2.3.4 降雨动能研究

降雨对土壤的侵蚀强度主要由雨滴动能的大小决定，而雨滴的直径大小、分布情况、雨滴终速度等因素决定了雨滴动能大小。因此，降雨经过林冠层时受到冠层的截留及再分配作用，雨滴大小、速度及动能都发生了相应的变化，最终影响雨滴对土壤的溅蚀作用（李桂静等，2015）。研究一个地区土壤侵蚀动力来源时，将雨滴特性作为参数加入到侵蚀计算过程和模型建立中，能更精确地研究土壤侵蚀的发生及演变规律。

2.3.4.1 雨滴特性研究

雨滴直径大小的测定是作为后期雨滴速度和动能大小计算的第一步，在防止水土流失方面具有重要实践意义。在 18 世纪 70 年代就有学者对雨滴直径大小的测定做过相应研究，并取得一些比较实用的测量方法。最早使用的方法基本上都是人工操作，包括吸水纸法、面粉团法、浸润法等（余东升等，2011；窦葆璋等，1982）。后期随着光电技术和新型材料的发展，出现了以振动式雨滴谱仪、光学雨滴谱仪、高速线阵扫描雨滴谱仪、声学雨滴谱仪等。光学仪器多适用于长时间连续降雨、大面积的定位观测雨滴直径大小，一般多用于天然降雨的野外观测。其摄像法适用于实验室内进行人工模拟降雨中雨滴大小的测定，前期观测中有学者利用摄像机拍摄的雨滴下落过程照片通过显微镜来测量雨滴大小；后期有学者在此基础上进行改进，利用摄像机记录雨滴降落过程视频，根据雨图亮度变化特征结合气象学 Gamma 模型拟合观测雨滴谱，并由模型参数计算降雨量（董蓉等，2015）。

目前，基于水滴在同一材料上形成的形状大小与其实际直径大小成正比的原理，最为科学普遍的观测方法是色斑法（廖炜等，2008）。操作是将水溶性染色粉末均匀涂抹在滤纸表层，使用注射器或其他人工降雨器材，将已知直径水滴滴落在处理好的滤纸上，测量水滴在滤纸上形成的色斑大小，得出的测定值与已知值进行率定得到两者的对应关系作为后期实验数据处理的参考依据。该法可以测定极小的水滴例如雾滴，只是要求测定值在先前的率定值范围内，得出的计算结果误差才会尽可能达到最小。涂料只需水溶性颜料即可，雨滴溅落后能形成斑块图案，因此色斑的载体材料选择广泛，有晒图纸、网格纸、相纸等（黄煜煜等，2009）。面粉团法的操作也简单易行，适用于高强度降雨观测，将雨滴与面粉形成的湿面球通过烘箱烘干形成硬面球并称重，结合前期的率定值（水滴重量/面粉球重量）来计算雨滴径粒大小，但此法不适用于雨量较小条件下的测定，测定结果误差较大（窦葆璋等，1982）。

雨滴的大小和分布主要与降雨类型有关，主要影响因子是降雨强度，根据以往雨强变化记录及雨滴大小组成的相关数据显示，雨滴大小随雨强的变化呈现出一定规律。为了对降雨雨滴大小进行比较，学者们常采用雨滴中数直径 $D50$（中数直径即雨滴体积累积百分数为50%时所对应的直径值）作为衡量指标（李振新等，2004），并且一场降雨中对土壤溅蚀作用贡献值最大的就是中数直径的雨滴（BEARD et al.，2007）。吴光艳等（2011）通过雨滴谱资料回归分析出雨滴直径和雨强大小呈幂函数关系：$D50 = 2.25I^{0.21}$，$R^2 = 0.72$，雨滴大小随雨强的增大而增大，随后逐渐减缓最后趋于稳定。李桂静等（2015）对南方红壤马尾松林内外的雨滴大小观测后得出，林下雨滴中数直径比林外大60%，林下雨滴直径的变化幅度较林外的大。雨滴经过林冠层后受到冠层枝叶的截留作用，一部分雨滴撞击叶片分散成更小的雨滴落入地面，还有一部分在枝叶上凝聚成更大直径的雨滴落入地面，因此林冠枝叶的繁茂程度也是影响林内雨滴直径大小变化及分布的一个重要因素。

许多研究结果均表明，对于同一地区同一林分类型下的雨滴中数直径大小与雨强的关系随雨型的不同而有差异，雨滴直径较大时，降落过程中如果有风的影响存在的差异性就更大（罗德，2008）；雨强较小的降雨条件下，林冠对雨滴大小既有增大也有减小作用，阔叶林的汇集增大作用大于林冠分布稀疏的暗针叶过熟林，同一林分下幼龄林中的雨滴中数直径大于过熟林和林外降雨的雨滴中数直径（殷晖，2010）。

2.3.4.2 雨滴速度研究

雨滴速度是指雨滴在空气中的下降末速度受雨滴直径大小影响，雨滴降落过程中受到重力和空气阻力的相互作用，最终阻力与重力相平衡，雨滴以匀速下落，此时的速度大小就是雨滴下落速度。孙学金等（2011）研究得出对于雨滴直径超过5.8 mm 的大雨滴，达到最大下落速度的99%时下落高度必须大于20 m 以上。因此，雨滴的下落高度也是影响雨滴是否达到终速度的一个重要因素。

雨滴特性的一个重要研究指标是雨滴终速度，雨滴终速度是对土壤侵蚀动能来源贡献的一个重要指标，早期劳斯（Laws）观测大气中不同大小水滴的终点速度，后期以日本岛根大学农学部的福樱盛一教授和湖南省水电科学研究所的吴魁鳌先生（1988）为代表从理论上运用偏微分方程等对水滴的降落速度进行计算。近期诸多学者从水滴降落的实测数据总结出相关的经验公式，应用较为广泛的有沙玉清公式和修正的牛顿公式，以及日本的三原公式（李振新等，2004）。

2.3.4.3 雨滴动能的影响研究

国内对林冠层与雨滴动能的关系研究从1980年后陆续展开，前期研究主要以人工林为主(张颖等, 2009; 周国逸等, 1997; 王琛, 2010), 天然林上的研究较少(殷晖等, 2010; 李振新等, 2004)。不同植被类型与雨滴动能的关系研究从 20 世纪 50 代已陆续展开(李桂静, 2015), 如 Barros 等(2010)对雨滴动能与土壤溅蚀方面的研究等。截至目前, 已获得较丰硕的成果, 主要围绕雨滴特征研究方法及雨滴特征与降雨、土壤侵蚀关系等方面(徐军, 2016; 张颖等, 2009; 李秀博, 2010)。Ekern 等(1965)研究发现雨滴在降落过程中形状会改变, 并分别利用公式 $E = mv^2/A$ 和 $EQ = IT(mv^2/A)$ 模拟计算单个雨滴能量和次降雨能量。但由于实际降雨不可能只是单个存在, 且降雨过程中雨滴也会相互影响而使得降雨动能也会发生相应变化, 因此该方法在实际研究工作中并不实用。Smith 等(2003)根据雨滴大小分布和雨滴终速度来推算降雨动能, 并建立了降雨强度与动能的函数关系。研究表明, 不同地区的降雨类型和气象条件下, 雨滴特征差异较大, 从而造成不同程度的土壤侵蚀(李桂静, 2015; 史宇等, 2013; 蔡丽君等, 2003); 此外, 还有较多学者通过开展人工模拟降雨的方法, 研究雨滴动能等特征变化及与侵蚀产沙的关系等(郑腾辉等, 2016; 霍云梅等, 2015; 丛月等, 2013); 而相关研究主要以人工林和模拟研究为主(王琛, 2010; 张颖等, 2008), 而对于天然降雨条件方面的研究相对较少(殷晖等, 2010; 李振新, 2004)。

由于各地方降雨特性存在差异, 在计算雨滴动能的过程中应找到适合当地降雨特性的公式及模型。例如目前常用的郑粉莉和江忠善(2008)的经验公式, 在各地使用时应该根据当地的气象条件及降雨特性对其系数进行修正后再用于计算。

2.3.5 降雨侵蚀动力学研究

土壤表层受侵蚀的动力来源主要来自于雨滴动能, 植被的覆盖情况对此有很大影响。一方面植被林冠层能削减雨滴动能, 另一方面植被层根部能改善土壤层的理化性质, 从而综合影响降雨及坡面径流对土壤的侵蚀作用(张颖等, 2008; Carroll et al., 2000), 诸多研究结果表明(Vásquez-Méndez et al., 2010; Garciaestringana et al., 2010; Morenode et al., 2009), 径流和产沙量随着林冠层厚度及盖度的增加而呈指数或线性减小。

国内就这方面的研究工作开展于 20 世纪 40 年代初期, 主要研究方式是通过人工降雨对径流小区进行试验; 60 年代以后, 研究方向主要集中于雨滴溅蚀、坡面侵蚀动能及产流产沙方面; 70 年代后, 研究学者加入雨滴特征、雨滴动能、植被盖度、土壤地形、气候气象条件等多个影响因子, 对产流产沙、土壤侵蚀进行定量研究, 并得出相关使用模型及方程式(王剑等, 2010; 蔡雄飞等, 2009; 李锐等, 2009)。植被林冠的类型、冠幅、盖度和地势区位能直接和间接的影响到植被区的产流产沙量, 是控制水土溅蚀的重要因素(Gumiere et al., 2011)。国外的 Ludwig 等(1999)、Valentin 等(1999)、Rey 等(2010)、Martniez Raya 等(2010)学者研究表明, 不同植被的格局布设及条带类型的林冠对降雨截留及控制水土流失的效果存在明显差异。与此相比，国内对于植被布设格局与水土流失的相关关系试验研究方面较少，苏敏等（1990）、游珍等（2005）、李勉等（2009）、沈中原等（2006）、徐海燕等（2009）学者对于植被与水土流失关系的研究多集中在不同人工配置植被林及不同农作物的种植方式上对水土流失的影响，得出的研究结果多是定性和半定量的分析。

在模型研究方面，最早出现的如 RUSLE /USLE（Renard et al.，1997）和 WEPP（Flanagan et al.，2007）等模型只是针对土地利用类型，缺少对不同植被覆盖条件下水土流失效应的模拟研究。Muller 等（2007）以运动波坡面流模型和 Smith 入渗模型为基础，采用统计学、地统计学和随机方法对模型中植被覆盖度、土壤入渗率和导水率等参数的非均匀分布和空间连接性特征进行定量研究。Arnau-Rosalén 等（2008）将植被覆盖图转换成栅格数据，结合人工模拟降雨产流数据，采用 Horton 模型计算每个栅格单元的入渗和产流量推算出体表林区径流产沙情况。Boer 等（2010）则采用基于过程的空间分布式模型 LISEM 对次降雨事件下坡面的径流和产沙过程进行模拟，建立植被和土壤参数的对应关系。Frot 等（2009）利用基于专家的分布式模型 STREAM 对不同植被覆盖格局下的产流空间分布和出口径流量模拟。目前用途最广的是前耦合坡面覆被格局与水土流失的模型，将植被盖度参数考虑到模型拟合中，得出的研究结果更加精确。

2.4 存在的问题及发展趋势

林分结构包括了林分平均特征结构和空间分布结构等重要内容（姚爱静等，2005）。随着森林经营水平的逐步提高，生产实践中更加需要全面的林分特征和空间分布信息。林分的直径结构、树种组成和林木间的空间位置与林分的结构和功能有着很大的关系。合理的林分结构是充分发挥森林多种功能的基础。因此林木结构的研究对于森林经营和优化决策都具有重要的理论和实际意义。而林分结构的形成除了受本身遗传因素的控制外，还和外在环境密切相关，即立地条件中各立地因子对林分结构的影响。分析衡量不同立地条件下各立地因子对林分结构的影响，并探究这种影响的内在关联是林分结构理论中必不可少的重要一环。

目前，对森林内水分循环和水量平衡的研究多围绕降雨、地表水、植物水、土壤水及地下水间的循环和转化来进行（李世荣等，2006）。我国在对森林与水的关系研究上，主要集中在自然保护区内、水源涵养林内等不同功能区域，以期为保护珍稀濒危动植物、缓解城市用水的压力等方面提供理论基础。在对大气降雨再分配的研究方向上，从开始的单一地研究降雨分配的比例、径流模型的模拟方面发展到对森林水源涵养能力、净化水质的机理、森林内植被与水的耦合机制等方面的研究，其中研究热点包括森林对水质净化的作用机理、降雨的水化学特征、森林变化对河川径流量变化的影响。目前，森林与水之间关系的探索不断加深，已得到了大量的研究成果。同时，在研究的过程中，也存在一些问题，如科研工作的研究团队小、人数少，观测系统的不完善、覆盖区域尺度上较小、一些地区缺乏长期定位观测等。因此，在多种类型的森林生态系统内建立长期生态定位观测研究站很有必要。通过森林生态系统定位观测研究站可以长期并且连续地观测森林水文过程的各项指标，研究区域也可从典型林分、固定样地扩展到小流域范围。

在生态文明建设的指导下，国家林业和草原局在我国多种森林类型中大力建设森林生态系统长期定位观测研究站，建设数量在增加，建设质量也在提高，努力与国际标准相一致。随着对森林生态系统研究投资力度的加大，在全国范围内对各种森林生态系统类型进行研究会成为以后发展的必然趋势。森林具有保持水土和涵养水源的作用，这在全世界范围内已经达成共识。经多年探讨，单因子的研究不再是主导方向，多因子大尺度的研究成为主要研究方向。在今后的研究中，定量评价森林内林冠截留能力是一个重要方面。

加强森林生态水文过程和机理研究，基础是收集长时间的大气降雨、森林水文观测数据，才能全面地、具体地阐明其作用机制。因此，在以后的研究中，应加强森林生态水文的尺度研究；加强森林生态水文与当地气候变化的研究，尤其是不同地区发生极端天气时对森林水文的影响，对其进行由定性到定量的分析；加强森林生态水文与水资源的研究，注重森林对水资源的影响以及水资源对森林生态系统不同水文过程的作用；加强不同学科间的交叉应用，融合生态学、水文学、地理学、土壤学、气象学、植物学等学科的不同特点，使发展方向更多元化；加强森林水文研究与先进技术的结合，利用计算机技术、遥感技术、地理信息系统、同位素示踪技术等手段进行更快速、精准的研究。

经过学者们的共同努力，近几年我国在森林水文、土壤侵蚀等多个方面取得了明显进步，但在中国国情的基础上，国家的主要任务还是发展经济，因此经济—发展—环境—生态间的矛盾更加突出，加之我国从南到北随地形、气候、植被等自然条件差异巨大，造就了我国土壤侵蚀类型多样化、过程复杂化。要从根本上解决这些问题，还需要各个领域的学者更加深入地对水土保持工作进行研究。

对于土壤侵蚀动力的研究，国内外大部分学者已得出明确研究结果：森林植被的各个垂直和水平层次对大气降雨和地表径流冲刷作用都起到缓冲影响，因此从林冠对降雨的再分配作用及对雨滴动能的削减作用，对土壤的侵蚀机理进行定性到定量的分析研究。从国内外近几年的相关研究成果来看，研究的定量指标多借助于森林的郁闭度、冠层厚度、树高、胸径、叶面积指数等常规指标，研究结果也只能适用于当地。而对于不同地区、不同植被尺度下的土壤侵蚀机理研究在不同时空尺度下的转换和其中的耦合机理研究方面仍然存在空缺。

从雨滴直径大小的测量方法概述来看，人工测量方法都比较繁琐，得到的测量结果精确度不够高；仪器的测定结果相对准确一些，但成本高，并且精密仪器受气象条件影响较大。因此，就目前而言，不管是在测量方法还是后期的雨滴数据整理工作上，雨滴的测量方法还需进一步改进。

综合国内外的研究方法可以看到诸多学者通过在室内模拟人工降雨来得出需要的参考数据，进而推算林冠层对雨滴动能的影响作用。也有学者在野外布设样地、径流小区及径流观测场来研究雨滴动能对土壤的侵蚀机理。从国内外的大量文献来看不管是室内研究还是野外观测，主要是在对比单个降雨特性、不同林分、同一林分下不同坡度、不同密度、不同土地利用类型下的产流产沙量进行研究，随着研究的深入及各个学科的合作，对于这些因素的综合性研究及水土流失的过程和机理应该更加科学严谨。尽量将野外观测及室内研究结合在一起，两者相互参考、联系，使得最终的研究成果精确度更高。

为了能更加科学合理地制定水土保持治理方案，在今后的研究工作中，学者应尽量做到定量评价森林的水土保持能力。研究的基础长期连续收集气象数据，从样地到整块林地再到整片森林，在时间和空间尺度上，特别针对极端天气对森林水文的影响，对其进行定量分析。研究过程中借助不同学科知识如植物学、土壤学、气象学、环境学、化学等对水文过程进行综合评价。得到的研究成果尽量能解决实际问题，在降雨动能对土壤侵蚀方面尽量形成适合当地的理论体系及问题解决思路和战略。

第3章
磨盘山概况

3.1 自然地理条件

3.1.1 地理位置

云南磨盘山国家森林公园位于新平彝族、傣族自治县东南部，距新平县城20km，地理位置为北纬23°46′18″~23°54′34″，东经101°16′06″~101°16′12″，站区面积7348.5hm²。新平彝族傣族自治县位于云南省中部偏西南，北纬23°38′15″~24°26′05″，东经101°16′30″~102°16′50″之间。磨盘山国家级森林公园周边社区，包括新平县桂山镇、平甸乡和扬武镇3个乡镇，邻近新平县的新化乡、戛洒镇、腰街镇和漠沙镇。

3.1.2 地形地貌

磨盘山地处云贵高原、横断山地和青藏高原南缘的地理结合部。磨盘山属云岭南延支脉，第四纪喜马拉雅造山运动期间，由于地面抬升，河流下切，高差增大，而形成今天深度切割的山地地貌。境内由许多山峰和支脉构成窄长的中山山地，西北高而东南低。其山体形如磨盘，海拔1260.0~2614.4m，上列十二峰，有泉十一溪，峰峦叠翠，夏晴有玉带宿云，冬雾有雪屏掩映，构成了磨盘山集山、水、林、云、泉、瀑、高山草甸为一体的生态自然景观，地形地貌特殊。

3.1.3 气候

磨盘山地处低纬度高原，是云南亚热带北部与亚热带南部的气候过渡地区，又有着典型的山地气候特点。磨盘山海拔高差大，气候垂直变化明显，由山底沟谷的南亚热带气候向山顶的北亚热带气候过渡，山顶中段的高山草甸，则属中亚热带气候。年均气温 15℃，年平均雨量为 1050mm。极端最高气温 33.0℃，极端最低气温 -2.2℃，全年日照时数 2380h。

3.1.4　土壤

磨盘山国家森林公园土壤以第三纪古红土发育的山地红壤和玄武岩红壤为主，高海拔地区有黄棕壤分布。土壤厚度以中厚土壤层为主，局部为薄土层。

3.1.5　水文

红河、平甸河分别从磨盘山的南北两侧蜿蜒而过。磨盘山境内有他拉河和赫白租河 2 条河流，以及河流上形态各异的众多瀑布，如"壶口瀑布"、"情侣瀑布"、"大岩洞瀑布"、"蜈蚣岩瀑布"、"圣水瀑布"等，密林深处分布着森林湖、月亮湖等高原湿地，景色迷人；还有地下分布暗河和地下河等。

3.2　生物资源概况

3.2.1　植物资源

磨盘山在植物区系上是东亚与南亚、喜马拉雅和印缅区系的汇合处，不少植物南来北至，东进西入，经过长期的生态适应和生态进化过程，形成以本地物种为主体的森林植物群落，而且保留着完整的原始面貌。茂密的枝叶遮天蔽日，深入林间，宛如进入翡翠宫中。多样化的气候、地形和土壤条件，形成了多样化森林类型。实属罕见的半山湿性常绿阔叶的原始森林为中外学者所注目，被专家们誉为镶嵌在植物王国王冠上的一块"绿宝石"。海拔 2900m 左右的地带，由于长年强风、低温和土壤瘠薄影响而形成山顶矮曲林。常绿阔叶林中罕见的矮林，具有较高的科学研究价值。磨盘山地区有高等植物树蕨、梭罗树、野茶树、楠木等 98 科 137 属 324 种。随海拔的升高，磨盘山森林植被呈现出明显垂直分布特征，主要分布的森林植被类型有亚热带常绿阔叶林、亚热带中山针阔混交林、针叶林和高山矮林，有着较高的科研、教学和生态旅游的价值。森林覆盖率达 86%，是一片以中山半湿性常绿阔叶林为主的原生和次生原始森林区。

辅助站点澄江县抚仙湖一级支流尖山河小流域内森林覆盖率为 21.4%，主要乔木树种有云南松、华山松、桉树、辽东栎木、杉木等。灌木有马桑、野荔枝、羊踯躅等。草本有紫茎泽兰、旱茅、黄茅等。果树有板栗、桃、油柿、李等。

3.2.2　动物资源

磨盘山国家森林公园具有独特的地理位置、气候特征和地形地貌。森林繁茂、植物种类繁多、林分类型多样、生态结构复杂、食源丰富、水源充足、人迹罕至、环境宁静，为野生动物提供了栖居、觅食和繁衍的良好生态环境。其优越的地理位置和地形地势迎来"远方访客"，幽静的森林环境，使它们留连忘返而定居繁殖。磨盘山国家森林公园不仅是野生动物的天然"王国"，世界上某些候鸟类群迁徙的必经之地，而且是保存生物资源难得的"基因库"。磨盘山栖息着多种区系的森林动物，是我国动物资源富集的宝库之一。据不完全统计，磨盘山有禽鸟兽类近百种，其中列为国家珍稀濒危野生动物保护的有16种。

3.3 社会经济概况

3.3.1 人口及民族

全县总人口271769人，比上年增长0.3%；户籍人口总户数81492户，比上年增长1.2%，户籍人口271769人，比上年增0.3%，其中：农业户数59620户，非农业户数21872户。农业人口235148人，比上年增长0.2%；非农业人口36621人，比上年增长1.0%。世居民族有彝族、傣族、汉族、哈尼族、拉祜族、回族、苗族、白族等；少数民族人口195102人，占总人口的71.8%；彝族、傣族人口175794人，比上年增长0.4%，占全县总人口的64.7%。人口密度每平方千米64人。年内出生人口2876人，出生率10.6‰，死亡人口1957人，死亡率7.2‰；人口自然增长率3.4‰，比上年下降2.0个千分点。

3.3.2 经济概况

据2011年末的统计，全县实现现价生产总值72亿元，比上年增长33.8%。其中第一产业8.8亿元，增长20.4%；第二产业47.1亿元，增长48%；第三产业16.1亿元，增长9.8%。实现财政总收入18亿元，增长36.3%；地方财政收入7.5亿元，增长29.1%；完成地方财政支出18.6亿元，增长27.5%。完成全社会固定资产投资49.1亿元，增长26.1%。实现全社会消费品零售总额11亿元，增长21.6%。实现城镇居民人均可支配收入18219元，增长13.1%。实现农民人均纯收入5667元，增长18.1%。

第 4 章

云南松林分结构及立地特征

4.1 试验设计与研究方法

4.1.1 样地设置

在全面踏查的基础上，于磨盘山典型云南松天然次生纯林中选择林龄差异不大但立地条件存在差异的区块，设置固定样地(50m×50m)8 个，且每个样地远离道路，样地经纬度为北纬 24°00′15.2″~24°01′20″，东经 101°57′09.2″~101°58′17.7″。结合研究目的，为满足模型拟合需要，在每个大样地附近设置临时调查样地，共计设置(20m×20m)68 个，并在每块大样地中划出 4 个小样地(20m×20m)，计 32 个。固定样地 1、2、3、4 分布在同一个地段，固定样地 5、6、7、8 均分布在另一地段。

4.1.2 样地调查

在每个调查样地中，对胸径在 3cm 以上且存活的云南松进行调查。调查指标包括云南松的数量、胸径、树高和坐标，且在每个小样地中选择优势木 2~3 株，记录其编号。同时对明显存在人为干扰(主要为火烧)的个别区域及范围进行注明。

利用 LAI-2000 冠层分析仪对叶面积指数(LAI)进行动态监测。测定值需要经过校正，具体方法为将测定的 LAI 数值乘以系数 R，系数 R 为叶的投影面积与枝条的平均投影面积的比值。监测时间为 2014 年从 4 月到 9 月选择天气良好的时段，每月测定 2 次。

4.1.3 土壤样品的采集与制备

在每个固定样地中，选择五个样点进行土壤样品采集。采集深度按照机械分层为

0～20cm、20～40cm 和 40～60cm，使用环刀（100cm³）和铝盒对每一层土壤进行采集，每一层重复三次。在每一层中采集鲜土带回实验室后风干制备，使用四分法分别过 0.25mm、1mm、2mm 的铜筛，并于土壤袋中保存。其中化学指标的测定采用过 0.25mm 或 1mm 筛的土样，部分物理指标的测定采用过 2mm 筛的土样。

4.1.4　土壤理化性质测定

土壤物理性质指标的测定主要包括土壤含水量（饱和持水量、毛管持水量、田间持水量）、容重、孔隙度、机械组成等指标，其中土壤含水量测量采用烘干法；容重、孔隙度测量采用环刀法；机械组成采用比重计法。

土壤主要化学性质常规指标的测定包括 pH 值、有机质、全氮、速效氮、全磷，全钾和速效钾等，其中有机质测定采用重铬酸钾加热法；全氮采用全自动定氮仪测定；速效氮测量采用凯氏扩散皿法；全磷采用硫酸—高氯酸消煮法；全钾、速效钾采用火焰光度法。每次测定设三个重复。

4.1.5　数据处理与计算

立地条件主要涉及坡向和坡位以及理化因子，其中坡位和坡向可以通过人为分类赋值的办法进行量化处理，对于土壤特点，在实际实验的基础上，还可以采取土壤质量评价的办法对土壤理化性质进行综合量化。另外，本文还使用了优势木胸径和树高对不同小样地的立地条件进行了表示。

林分结构包括林分非空间结构和空间结构，其中非空间结构主要用林分密度、平均胸径、平均树高、叶面积指数等表达；空间结构主要指林分层次分布、林木的大小分化特征和林木空间分布格局，表征指标主要有大小比数、角尺度、计盒维数等。同时使用 Weibull 分布函数分析不同大样地中胸径结构的特点。根据 RDA 排序分析出影响林分结构的主要因子。采用结构方程模型对林分与立地因子进行耦合验证，以判断林分各结构指标对林分结构信息概括的准确性与完整性。文中相关分析、差异分析、多重比较等采用 Spss19.0。

4.1.5.1　立地条件数量化及质量评价

根据温度沿海拔升高而降低的规律，对海拔进行等级处理。每上升 100m，等级减小 1，同时设 1600～1700m 为等级 4。并根据日照辐射在不同坡向的多少，对坡向进行等级制处理，每个等级单位为 45°，且以正北为起点顺时针划分（董灵波等，2013），其划分结果见表4-1，数字越大表示受到的辐射越大。再对同一级坡度不同角度进行每 4.5°差异变化 0.1 个单位的处理。而坡位的划分则根据壤中流至上而下的方向划分为 2 级，2 为下坡，1 为上坡。数字较大的表示容易汇水。为进行立地质量评价，将立地因子分为宏观和微观两类。其中宏观立地因子主要包括：海拔、坡向、坡位等。微观立

表 4-1　坡向数量化

坡向	坡向范围	数量化
正南坡	157.5° ~ 202.5°	8
西南坡	202.5° ~ 247.5°	7
东南坡	112.5° ~ 157.5°	6
西坡	247.5° ~ 292.5°	5
东坡	67.5° ~ 112.5°	4
西北坡	292.5° ~ 337.5°	3
东北坡	22.5° ~ 67.5°	2
北坡	0° ~ 22.5°，337.5° ~ 360°	1

地因子主要包括土壤理化因子。

（1）宏观因子评价

在对宏观立地因子数量化的基础上，采用基于模糊数学的隶属度函数进行标准化处理，其公式为：

$$N_i = (x_{ij} - x_{i\min})/(x_{i\max} - x_{i\min}) \tag{4-1}$$

$$N_i = (x_{i\max} - x_{ij})/(x_{i\max} - x_{i\min}) \tag{4-2}$$

4-1 式为升型分布，4-2 式为降型分布。在评价中，坡向与坡位的值越大越好，采取 4-1 式。海拔的值越小越好，采取 4-2 式。式中 x_{ij} 表示宏观因子数量化后的值；$x_{i\max}$ 和 $x_{i\min}$ 分别表示宏观因子的最大值和最小值。同时采用公因子方差计算各因子权重，公式为：

$$W_i = C_i/C \tag{4-3}$$

其中 C_i 为各指标公因子方差；C 为所有指标的公因子方差之和。在此基础上，进行宏观因子综合作用评价，得到综合得分，其公式为：

$$X = \sum_{i=1}^{P} W_i \times N_i \tag{4-4}$$

（2）微观因子评价

在进行微观立地因子评价的时候，由于各理化因子在土壤构成中发挥的作用不同，仅仅通过升降隶属度函数并不能完全反映这些微观立地因子的差异。因此需要采取不同的隶属度函数衡量其作用大小，同时也可消除不同量纲带来的影响。在处理中，因个别指标存在较高的相关性，存在信息重叠。如容重与土壤田间持水量、总孔隙度等。为避免指标间信息的重叠对评价结果的不利影响，剔除具有相关性较高的指标。故除养分外，选择容重、自然含水量、pH、黏粒/砂粒（姚小萌，2015）等做为评价的具体指标。其中自然含水量、黏粒/砂粒适用于升型隶属度函数，其余因子则适用于 S 型或抛物线型隶属度函数。然而目前对于隶属度函数的转折点并无统一标准，因此本文在结合前人相关研究的基础上，根据实际采用概率分级法（安贵阳等，2004）确定某些具体指标的转折点。其具体做法是将符合正态分布的土壤指标数据进行分级，共分5级。使其概率分布依次为10%、20%、40%、20%、10%。之后将落在40%之外的两头数据，即落入10%、20%的数据分别取均值，为转折点。如若数据不满足正态分布则尚须矫正。本文土壤各指标数据皆满足正态分布。pH、容重采取抛物线型隶属度函数，公式分别为：

pH

$$n = \begin{cases} 1 & (6.5 \leqslant x \leqslant 7.5) \\ (10 - x)/(10 - 7.5) & (7.5 \leqslant x \leqslant 10) \\ (x - 4)/(6.5 - 4) & (4 \leqslant x \leqslant 6.5) \\ 0 & (x < 4, x \geqslant 10) \end{cases} \quad (4 - 5)$$

容重

$$n = \begin{cases} 1 & (1.1 \leqslant x \leqslant 1.3) \\ (1.6 - x)/(1.6 - 1.3) & (1.3 \leqslant x \leqslant 1.6) \\ (x - 0.5)/(1.1 - 0.5) & (0.5 \leqslant x \leqslant 1.1) \\ 0 & (x < 0.5, x \geqslant 1.6) \end{cases} \quad (4 - 6)$$

有机质、全氮、速效氮、全磷、全钾、速效钾则采用S型隶属度函数。公式为别为：

有机质

$$n = \begin{cases} 1 & (x > 40) \\ (x - 6)/(40 - 6) & (6 \leqslant x \leqslant 40) \\ 0 & (x < 6) \end{cases} \quad (4 - 7)$$

全氮

$$n = \begin{cases} 1 & (x > 0.5) \\ (x - 0.1)/(0.5 - 0.1) & (0.1 \leqslant x \leqslant 0.5) \\ 0 & (x < 0.1) \end{cases} \quad (4 - 8)$$

速效氮

$$n = \begin{cases} 1 & (x > 150) \\ (x - 30)/(150 - 30) & (30 \leqslant x \leqslant 150) \\ 0 & (x < 30) \end{cases} \quad (4 - 9)$$

全磷

$$n = \begin{cases} 1 & (x > 1) \\ (x - 0.1)/(1 - 0.2) & (0.2 \leqslant x \leqslant 1) \\ 0 & (x < 0.2) \end{cases} \quad (4 - 10)$$

全钾

$$n = \begin{cases} 1 & (x > 25) \\ (x - 5)/(25 - 5) & (5 \leqslant x \leqslant 25) \\ 0 & (x < 5) \end{cases} \qquad (4-11)$$

速效钾

$$n = \begin{cases} 1 & (x > 200) \\ (x - 30)/(200 - 30) & (30 \leqslant x \leqslant 200) \\ 0 & (x < 30) \end{cases} \qquad (4-12)$$

(3)立地质量综合评价

在得到不同样地宏观立地质量得分的基础上，通过聚类分析划分出相同类型的样地。再根据微观立地质量评价结果，对不同类型样地进一步细分。这种先宏观再微观的方法可以很大程度提高结果的准确性。其中聚类方法采用最近邻体法。取 Euclidean distances 的平方为度量距离。

4.1.5.2 林分非空间结构指标计算

除胸径、树高、叶面积指数等可以直接获取的林分非空间结构指标外，也对云南松大小多样性进行计测。其主要反映了不同个体在胸径和树高上的差异程度。林分结构不论是空间结构还是非空间结构，以及立地条件都对大小多样性存在影响。因此大小多样性可作为连接立地条件、林分非空间结构和林分空间结构的重要"桥梁"，但它本质上仍可作为林分非空间结构指标。并且在一定程度上表示了林分水平结构和垂直结构的复杂性。

采用了基于香浓多样性指数(Shannon-Wiener index)的胸径多样性指数和树高多样性指数来衡量林分多样性结构。公式为：

$$H = -\sum_{i=1}^{N} \frac{B_i}{B}\left(\ln \frac{B_i}{B}\right) \qquad (4-13)$$

其中，H 为胸径多样性(H_d)或树高多样性(H_h)；B 为胸径断面积总和；B_i 为不同径阶等级或树高等级下的胸径断面积总和；胸径以 2 cm 为一个等级，树高以 2 m 为一个等级。

4.1.5.3 林分空间结构指标

对林分空间结构采取一定的量化手段。使用大小比数、角尺度、计盒维数衡量林分分化特征和林木空间的分布格局。在采用大小比数和角尺度之前需要对林分空间进行结构单元的划分。其方法为在林分中设某一参照树以及它周围最近 n 株邻木组成空间结构单元。而 n 的多少决定了空间结构单元的复杂程度和大小范围，若 n 过小($n = 1$)，不足以形成空间格局，若 n 过大，则会增加调查难度。因此 n 的确定是划分结构单元的基础。在水平面上构成面最小需要三个点，那么至少就需要 2 株相邻树。然而就方位而言，3 株树所涵盖的方位信息可能并不完整，极有可能是很小一个范围。从人的感知上讲，存在东南西北四个方向，因此若 $n=4$ 会在较为容易操作的同时显得更加准确(惠刚盈，2009)。

(1)大小比数

在 $n=4$ 的空间结构单元中，大小比数量化了参照树与其相邻木的关系。以大于参照树的相邻木数占所考察的全部相邻木的比例表示。其计算公式为：

$$U_i = \frac{1}{4}\sum_{j=1}^{4} K_{ij} \qquad (4-14)$$

其中如果相邻木 j 比参照树 i 小，则 $k_{ij}=0$，否则为 1。若 U_i 值越小就表明比参照树大的相邻木越少。那么将样地或样方中每个空间结构单元的大小比数进行平均处理后，便可得到样地平均大小比数，在很大程度上反映了树种在林分中的优势度。其公式分为：

$$\bar{U} = \frac{1}{n}\sum_{i=1}^{t} U_i \qquad (4-15)$$

(2)角尺度

种群的分布一般分为均匀分布、集群分布、随机分布。其分布形式和环境密切相关，例如当主导因子表现为随机分布时，则种群一般为随机分布。采用角尺度量化云南松种群的空间分布格局，其格局反映了种群适应环境和种群个体之间相互作用的关系。计算公式为：

$$W_i = \frac{1}{4}\sum_{j=1}^{4} Z_{ij} \qquad (4-16)$$

其中如果相邻木之间第 j 个 α 角小于标准角 $\alpha_0(72°)$，$Z_{ij}=1$，否则 $Z_{ij}=0$。若 W_i 为 0 则表示参照树周围的相邻木分布均匀，反之则表示相邻木聚集。而将每个结构单元的角尺度进行平均处理后，便可得到整个样地中树木分布格局的情况。平均大小比数计算公式为：

$$\bar{W} = \frac{1}{n}\sum_{i=1}^{n} W_i \qquad (4-17)$$

(3)计盒维数

计盒维数作为现代数学的一个新分支，其本质却能反映复杂形体占有空间的有效性，它是复杂形体不规则性的量度，因而若将林木分布视为分形体，则计盒维数衡量了林木占据空间的程度，具体空间意义，公式如下：

$$D_b = \lim_{\varepsilon \to 0} \frac{\ln N(\varepsilon)}{\ln \varepsilon} \qquad (4-18)$$

其中，D_b 为计盒维数；ε 为样地中格子的边长，$N(\varepsilon)$ 表示不同尺度格子下非空格子的个数，体现了尺度划分。对于每个大样地，本文将格子尺度的划分为 50m、25m、

10m、5m、2.5m、2m、1m、0.5m。对于每个小样地，格子的尺度划分为 10 m、5m、2.5m、2m、1m、0.5m、0.25m。其计算方法为：在得到（$\ln N(\varepsilon)$，$\ln \varepsilon$）点列的情况下，通过拟合函数 $\ln N(\varepsilon) = -D\ln \varepsilon$ 的方法得到 D 值，即为计盒维数 D_b。对于平面其取值一般在 1~2 之间。

4.1.5.4　$K-S$ 检验

$K-S$ 检验（柯尔摩哥洛夫－斯米诺夫检验）可以对两个样本相对累计曲线进行计算，并且得到两个样本的最大绝对差异，并与临界值 $D_{(a=0.05)}$ 比较。其绝对差异公式为：

$$\hat{D} = \max \left| \frac{\hat{F}_1}{n_1} - \frac{\hat{F}_2}{n_2} \right| \tag{4-19}$$

其中：$\hat{F}_1$ 与 $\hat{F}_2$ 分别为两个样本各自的累计频数，$\hat{D}$ 则表示两个样本之间最大绝对差异值，n_1 和 n_2 表示样本数。临界值 $D_{(a=0.05)}$ 的计算公式为：

$$D_{a=0.05} = 1.36 \sqrt{\frac{n_1 + n_2}{n_1 n_2}} \tag{4-20}$$

若 $\hat{D} \geq D_{(a=0.05)}$，则表现为差异显著，反之则不然。

4.1.5.5　Weibull 分布函数及卡方检验

在林业中 Weibull 分布应用广泛，具有较好的灵活性和实用性。公式为：

$$n = NKf(x)$$

$$f(x) = (c/b)\left(\frac{x-a}{b}\right)^{c-1} \exp\left[-\left(\frac{x-a}{b}\right)^c\right] \tag{4-21}$$

其中：n 为某一个径级的理论个体数量；N 为总个体数量；K 为径级的距离；x 为某一个径级；a 在实际中为林分最小直径，在分布中为位置参数，与密度函数所在坐标系位置有关；b 为尺度参数，与密度函数的平缓程度有关；c 为形状函数，不同大小决定了密度函数的不同形状。密度函数的形状包括：倒"J"分布（$c<1$），指数分布（$c=1$），山状分布且正偏（$1<c<3.6$，$c\neq 2$），山状且负偏（$c>3.6$），Reyleigh 分布（$c=2$），近似正态分布（$c=3.6$），单点分布（$c\rightarrow \infty$）等。并且 $x\geq a$，b、$c>0$、$a\geq 0$。

在得到分布结果的同时还需要对分布符合与否进行卡方检验，以 0.05 为显著水平，则有 χ^2 统计量：

$$U = \sum_{i=1}^{m} \left[\frac{F(x_i) - S(x_i)^2}{F(x_i)} \right] \tag{4-22}$$

其中：F 为 i 个径级 Weibull 分布的理论个体数，S 表示第 i 个径级实际分布个体数，m 表示径级个数。同时也采用卡方检验分析不同样地中不同结构单元角尺度、大小比数的分布差异。这时，F 和 S 则表现为分布于不同（i）角尺度和大小比数的结构单元数目，m 则表示总共的角尺度和大小比数指标个数。

4.1.5.6　RDA 排序分析

排序用以分析立地条件中诸因子对林分结构的影响。因排序对象的不同，环境变量在包含立地条件的同时也包含林分空间结构或林分非空间结构。预先经过相关性分析，将与林分结构因子相关性较弱的环境因子剔除。在排序前，预先对物种组成即不同林分结构进行 DCA 排序，以选择适合的排序方法。结果表明第一轴长度小于 2.8，因此选择适用于线性变化的 RDA 排序。其排序结果通过 Monte Carlo 置换检验完成。在排序图中，小箭头表示物种组成为林分结构指标，大箭头表示环境因子。箭头连线的长度和与排序轴的夹角分别反映了该因子的比重和与排序轴的相关性。排序使用软件 Canoco 4.5 完成。

4.1.5.7　结构方程模型

结构方程模型(structural equation model)是基于变量的协方差矩阵来分析协变量之间联系的一种统计方法。其思路为通过一组线性方程表示变量之间的相互依赖关系。其中涉及的度量概念包括潜变量、显变量、内生变量和外生变量等。

根据结构方程模型，潜变量是指那些不能被直接观测的变量，往往通过显变量对其进行估计。在森林生态系统中，如胸径、树高、冠幅等指标都是可被直接测量的指标，而通过对这些显性指标的了解便可以估计出林木大小，于是便能基于林木大小的意义来进行后续讨论。从因果上看凡是作为原因，即只影响其他变量且自身不受影响的变量为外生变量，如在林分生态系统中，光照只影响林分却不受林分的影响，是外因潜变量的一种。而内生变量则是指受其他变量影响的变量，影响的来源既可以是内生变量也可以是外生变量。在此基础上结构方程模型分为测量模型部分和结构模型部分。测量模型是建立潜变量与外显变量之间关系的模型。

$$X = \wedge x\xi + \delta \tag{4-23}$$

$$Y = \wedge y\eta + \varepsilon \tag{4-24}$$

式中：X 为外生显性变量向量的观测值；Y 为内生显性变量向量的观测值；$\wedge x$ 和 $\wedge y$ 为指标变量(X, Y)，的因素负荷量；δ、ε 为外生显性变量与内生显性变量的测量误差；ξ 为外生潜变量，表示原因，η 为内生潜变量，表示结果。而结构模型则可反映各潜在变量之间的关系。

$$\eta = B\eta + \Gamma\xi + \zeta \tag{4-25}$$

式中：B 为内生潜在变量之间关系的结构系数矩阵；Γ 为内生潜在变量与外生潜在变量之间关系的结构系数矩阵；ζ 为结构模型中干扰因素或残差值。根据此模型和最大似然法便可建立结构方程模型路径图。这里将林分立地环境视为外生潜变量(ξ_1)，由优势木胸径(x_1)和优势木树高(x_2)计(马建路等，1995；王树力等，2014)。将林分非空间结构(ξ_2)、空间结构(ξ_3)视为外生潜变量。其中与之相关的观察变量分别为：大小比数(x_3)、角尺度(x_4)、计盒维数(x_5)；平均胸径(x_6)、平均树高(x_7)、个体数量(x_8)；将多样性(η)视为内生潜变量，其中胸径多样性(η_1)、树高多样性(η_2)与之相关。δ、ε、ζ均为对应残差。使用 SPSS19.0 和 AMOS17.0 进行结构方程路径分析。最后，采用模型显著性指标进行拟合评价。

其基本路径图的构成要素包括（徐咪咪，2010）：

单向箭头假定变量间有因果关系，箭头原因变量指向结果变量。

双向弧形箭头表示假定两变量相关，但它们之间没有因果关系。

椭圆或圆表示潜变量或因子。

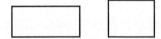

长方形或正方形表示显变量或指标。

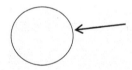

单向箭头指向因子表示内生潜变量。

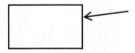

未被解释的部分，单向箭头指向指标表示测量误差。

4.2　磨盘山云南松次生林立地特征

本研究对立地条件的分析主要包括地形和土壤养分。其中地形因子从光照、水分以及温度等角度来进行量化，这种量化的实质是一种分类过程。而对于土壤理化特点的量化，则采取实际测定和计算的方法，最后得到反映土壤综合质量的指标，即土壤质量指数。在一定程度上反映了生态因子：光、温、水、土壤的特点。生态因子之间存在着复杂的联系，又共同作用于植物，在这个过程中，植物个体之间的某些关系，如竞争总是使得部分植物不能完全响应生态因子,同时植物因种类、生长阶段的不同对某类因子也有一定侧重。因而立地条件中立地因子的选择和量化都必须体现上述内容。因各样地林龄差异不大,影响林木生长的因素更多来自外部环境,包括林分空间结构。故研究直接从宏观和微观出发,分别量化宏观立地质量和微观立地质量。这不仅提高了权重的准确性,还通过综合分类中体评价的办法提高了分类评价的质量。

在量化过程中,基于模糊数学的隶属度函数目前应用较为广泛,与过去定性的评价方法相比,其一改非此即彼的分类方法,对土壤各因子的渐变性和模糊性进行考虑,最终定量地分析出土壤质量的高低。因而具有较为广泛和准确的实用性。如郭笑笑等(2011)采用该方法对土壤重金属的污染进行了评价,并取得良好效果。而本研究的目的是在于得到宏观立地差异的基础上进一步比较分析各样地微观立地质量的差异。从而得到每个样地的立地得分,聚类过后即为立地质量分类与评价。在立地因子选取方面,主要从植物需求的温度、光照、水分、养分等方面入手。另外,还采取了优势木的胸径、树高来代替小样地立地条件。其原理是基于立地条件与生物量的密切关系。

4.2.1 海拔、地形地貌特征

结合云南松纯林主要分布地区,在海拔 1600~2000m 的范围内,设置了 8 个大样地,坡向涵盖了阳坡到阴坡的一系列变化,坡位分类为上坡和下坡。其地形海拔因子的数量化结果如表 4-2 所示。

表 4-2　各样地基本情况

样地	海拔	海拔数量化	坡向	坡向数量化	坡位	坡位数量化
1	1623m	4	北偏西20°	1.44	下坡位	2
2	1674m	4	北偏西30°	1.66	上坡位	1
3	1958m	1	南偏东70°	4.44	下坡位	2
4	1999m	1	南偏东45°	7.50	上坡位	1
5	1993m	1	南偏西60°	6.67	上坡位	1
6	1945m	1	正南坡	8.00	下坡位	2
7	1823m	2	北偏西45°	3.00	上坡位	1
8	1756m	3	北偏西45°	3.00	下坡位	2

4.2.2 土壤特征

4.2.2.1 土壤水文物理特征

各样地土壤水文物理性质见表 4-3。从土壤水分分布的垂直空间来看,主要表现为在不同样地各水分指标的最小含量主要出现在中层(20~40cm)和下层(40~60cm),具有一定梯度变化。从坡位上看既存在上坡含水量大于下坡含水量的情况,如样地 1、

2，也存在上坡含水量小于下坡的情况。这可能与林分或坡面微地形对土壤水分运动的作用有关。从坡向来看，部分阳坡、阴坡（密度差异较小）的土壤水分主要表现为阳坡（样地 5、6）>半阳坡（样地 3）>正阴坡（样地 1），其中饱和含水量等指标表现得较为明显。这可能是因为云南松为喜光性强的深根性树种，良好的生长有利于土壤保水结构的形成。从林分密度（表 4-12）上看，除与采样时段有一定关系的自然含水量外，其余水分指标均为阴坡中密度（样地 7、8）大于低密度（样地 1、2），而阳坡的中等密度（样地 4）小于低密度（样地 5）。这一方面和云南松生长有关，因为密度较大的林分中叶面积指数较大，因而在温度较高的阳坡中，蒸腾作用可能更为明显。而阴坡则可能是因为枯枝落叶层对土壤有较好的保水作用，加之有机质带来孔隙度方面的增加，所以使得土壤含水量表现为中密度大于低密度。在孔隙度方面，总孔隙度、通气孔隙度与饱和含水量，毛管孔隙度与自然含水量分别具有较高且极显著（$P < 0.01$）的相关性，相关系数分别为 0.92、0.70 和 0.85（附表 1）。这表明自然含水量主要取决于毛管孔隙度（苏木荣，2014），而饱和含水量则主要取决于通气孔隙度或总孔隙度。

为了明确各样地土壤在水分含量方面的差异，采用多重比较得到表 4-4。由表 4-4 可见个别指标明显存在地段上的差别，如总孔隙度。而其他指标则表现出较多的相似性。这可能与不同地区成土母质有关（李玲等，2001），同时也表明了相同植被类型对土壤有相似的改造作用。

表 4-3　各样地土壤水文物理性质

样地	深度 （cm）	饱和持水量 （%）	毛管持水量 （%）	田间持水量 （%）	自然含水量 （%）	总孔隙度 （%）	毛管孔隙度 （%）	通气孔隙度 （%）
1	0~20	31.39	26.82	17.55	17.32	42.26	26.85	15.41
	20~40	33.15	27.69	19.35	18.35	41.51	29.99	11.52
	40~60	26.28	23.89	18.09	18.82	38.49	29.49	9.00
2	0~20	49.50	40.89	31.13	28.67	46.79	43.89	2.90
	20~40	32.68	27.97	21.69	21.51	39.62	34.70	4.92
	40~60	29.87	26.50	19.23	21.99	36.98	32.11	4.87
3	0~20	34.58	30.57	23.97	22.90	40.75	37.63	3.12
	20~40	35.10	30.42	23.50	24.72	39.25	37.84	1.41
	40~60	30.78	28.44	22.66	24.85	39.25	36.48	2.77
4	0~20	37.92	32.14	26.67	25.65	43.40	40.01	3.39
	20~40	41.14	32.77	25.75	25.57	45.66	37.08	8.58
	40~60	38.23	31.74	25.38	25.11	43.77	37.82	5.95
5	0~20	53.36	47.80	35.82	22.23	63.40	34.75	28.65
	20~40	43.97	34.26	24.94	16.34	53.21	30.93	22.28
	40~60	49.87	43.86	35.48	22.55	55.47	41.87	13.60

（续）

样地	深度 (cm)	饱和持水量 (%)	毛管持水量 (%)	田间持水量 (%)	自然含水量 (%)	总孔隙度 (%)	毛管孔隙度 (%)	通气孔隙度 (%)
6	0~20	49.50	46.95	34.64	20.16	63.77	33.25	30.52
	20~40	43.94	40.75	28.44	18.36	54.34	34.41	19.93
	40~60	50.68	43.32	32.50	26.53	55.47	38.35	17.12
7	0~20	51.59	36.58	24.68	18.85	60.00	26.16	33.84
	20~40	43.74	35.11	23.51	15.86	55.85	27.51	28.34
	40~60	47.38	39.25	27.29	20.99	56.23	31.66	24.57
8	0~20	56.84	47.90	34.18	23.44	60.38	35.89	24.49
	20~40	54.23	43.67	28.97	18.32	60.00	30.71	29.29
	40~60	43.70	35.84	22.42	19.81	55.09	26.68	28.41

表 4-4　各样地土壤水分含量差异性

样地	饱和持水量 (%)	毛管持水量 (%)	田间持水量 (%)	自然含水量 (%)	总孔隙度 (%)	毛管孔隙度 (%)	通气孔隙度 (%)
1	30.27±3.57c	26.13±1.99c	18.33±0.92c	18.16±0.77b	40.75±2.00a	28.78±1.69c	11.98±3.23b
2	37.35±10.62c	31.79±7.92bc	24.02±6.28bc	24.06±4.00a	41.13±5.08a	36.90±6.19ab	4.23±1.15bc
3	33.49±2.36c	29.81±1.19bc	23.38±0.66bc	24.16±1.09a	39.75±0.87a	37.32±0.73ab	2.43±0.90c
4	39.10±1.78bc	32.22±0.52bc	25.93±0.66bc	25.44±0.29a	44.28±1.21a	38.30±1.52a	5.97±2.60bc
5	49.07±4.75ab	41.97±6.96a	32.08±6.19a	20.37±3.50ab	57.36±5.35b	35.85±5.55ab	21.51±7.55a
6	48.04±3.60ab	43.67±3.12a	31.86±3.15a	21.68±4.29ab	57.86±5.15b	35.34±2.67abc	22.52±7.07a
7	47.57±3.93ab	36.98±2.10ab	25.16±1.94bc	18.57±2.58b	57.36±2.29b	28.44±2.87c	28.92±4.66a
8	51.59±6.96a	42.47±6.12a	28.52±5.89ab	20.52±2.63ab	58.49±2.95b	31.09±4.62bc	27.40±2.56a

注：不同字母表示差异显著。

附表 1　水文物理指标相关性

指标	饱和持水量	毛管持水量	田间持水量	自然含水量	总孔隙度	毛管孔隙度	通气孔隙度
饱和持水量	1						
毛管持水量	0.947**	1					
田间持水量	0.847**	0.939**	1				
自然含水量	0.057	0.114	0.348	1			
总孔隙度	0.917**	0.895**	0.738**	-0.25	1		
毛管孔隙度	0.123	0.239	0.519**	0.851**	-0.173	1	
通气孔隙度	0.695**	0.625**	0.371	-0.587**	0.897**	-0.592**	1

注：**表示极显著相关（$p < 0.01$）；*表示显著相关（$p < 0.05$）。

4.2.2.2　土壤容重与质地特征

土壤容重和质地作为反映土壤透气性、透水性以及保肥能力高低的指标具有重要意义。从表 4-5 可见，各样地土壤容重随着土层深度的增加呈增大趋势，分布在 0.96 ~ 1.67 之间。各样地不同深度土壤在砂粒、粉粒、黏粒的组成上存在不同比例。但其质地依然以壤土为主，包括轻壤土、中壤土和重壤土等。说明云南松立地条件中的土壤通气透水、保水保温性能都较好。又由相关性分析可知，容重与粗粉粒、黏粒呈极显著正相关，相关系数分别为 0.62 和 0.61。砂砾与粗粉粒、中粉粒、细粉粒为显著或极显著负相关，相关系数分别为 -0.47、-0.60、-0.56（附表 2）。

由表 4-6 可知，容重在取样地段上表现出显著差异。前 4 个样地的容重普遍大于后 4 个样地。而各样地不同粒径颗粒在组成上并没有表现出地段差异，如粗粉粒和黏粒。这说明引起土壤容重差异的主要原因可能在于母质（庞学勇等，2009），而土壤中各颗粒的含量则可能主要受到云南松生长改造的影响（王广涛等，2016）。

表 4-5　各样地土壤颗粒组成及容重

样地	深度(cm)	容重(g/cm³)	砂粒(>0.05mm)	粗粉粒(0.01~0.05mm)	中粉粒(0.005~0.01mm)	细粉粒(0.001~0.005mm)	黏粒(<0.001mm)	质地
1	0~20	1.53	51.33	17.83	9.42	4.50	16.92	中壤土
	20~40	1.55	35.42	19.42	15.50	8.33	21.33	重壤土
	40~60	1.63	49.67	16.67	11.42	7.83	14.42	中壤土
2	0~20	1.41	37.42	33.08	16.83	4.25	8.42	轻壤土
	20~40	1.60	48.83	25.58	10.08	4.33	11.17	轻壤土
	40~60	1.67	36.17	41.88	11.21	2.50	8.25	轻壤土
3	0~20	1.57	24.92	23.00	21.25	9.58	21.25	重壤土
	20~40	1.61	23.67	24.42	26.92	8.00	17.00	重壤土
	40~60	1.61	29.25	25.92	17.92	7.42	19.50	中壤土
4	0~20	1.50	11.83	28.26	32.92	22.00	5.00	重壤土
	20~40	1.44	16.50	30.92	28.58	17.00	7.00	重壤土
	40~60	1.49	11.17	28.75	32.08	20.00	8.00	轻黏土
5	0~20	0.97	59.25	16.50	11.75	11.25	1.25	轻壤土
	20~40	1.24	34.50	21.50	14.75	13.00	16.25	中壤土
	40~60	1.18	31.75	12.00	25.00	16.25	15.00	重壤土
6	0~20	0.96	59.50	10.00	25.00	4.25	1.25	中壤土
	20~40	1.21	49.75	19.00	15.00	10.00	6.25	中壤土
	40~60	1.18	34.25	15.25	20.00	15.50	15.00	重壤土

（续）

样地	深度 （cm）	容重 （g/cm³）	砂粒 （>0.05mm）	粗粉粒 （0.01~ 0.05mm）	中粉粒 （0.005~ 0.01mm）	细粉粒 （0.001~ 0.005mm）	黏粒 （<0.001mm）	质地
7	0~20	1.06	52.50	1.75	27.75	16.75	1.25	重壤土
	20~40	1.17	45.30	17.50	22.50	12.50	2.20	中壤土
	40~60	1.16	35.75	12.25	29.50	20.00	2.50	重壤土
8	0~20	1.05	51.25	18.75	20.00	5.00	5.00	轻壤土
	20~40	1.06	32.00	26.25	21.25	14.25	6.25	中壤土
	40~60	1.19	23.00	12.50	33.75	17.00	13.75	轻黏土

附表2　土壤容重与质地相关性

指标	容重	砂粒	粗粉粒	中粉粒	细粉粒	黏粒
容重	1					
砂粒	-0.426*	1				
粗粉粒	0.622**	-0.473*	1			
中粉粒	-0.239	-0.603**	-0.201	1		
细粉粒	-0.278	-0.558**	-0.246	0.743**	1	
黏粒	0.615**	-0.328	0.150	-0.260	-0.228	1

注：＊＊表示极显著相关（$p<0.01$）；＊表示显著相关（$p<0.05$）。

表4-6　各样地土壤颗粒组成及容重差异性

样地	容重 （g/cm³）	砂粒 （>0.05mm）	粗粉粒 （0.01~0.05mm）	中粉粒 （0.005~0.01mm）	细粉粒 （0.001~0.005mm）	黏粒 （<0.001mm）
1	1.57±0.05a	45.47±8.75a	17.97±1.38bc	12.11±3.10d	6.89±2.08cd	17.56±3.50ab
2	1.56±0.13a	40.81±6.98ab	33.51±8.16a	12.71±3.62d	3.69±1.03d	9.28±1.64cd
3	1.60±0.02a	25.95±2.93bc	24.45±1.46ab	22.03±4.55bc	8.33±1.12cd	19.25±2.14a
4	1.48±0.03a	13.17±2.91c	29.31±1.42a	31.19±2.30a	19.67±2.52a	6.67±1.53cd
5	1.13±0.14b	41.83±15.15ab	16.67±4.75bc	17.17±6.95cd	13.50±2.54abc	10.83±8.32bc
6	1.12±0.14b	47.83±12.73a	14.75±4.52bc	20.00±5.00bcd	9.92±5.63bcd	7.50±6.96cd
7	1.13±0.06b	44.52±8.40ab	10.50±8.02c	26.58±3.64ab	16.42±3.76ab	1.98±0.65d
8	1.10±0.08b	35.42±14.43ab	19.17±6.88bc	25.00±7.60bc	12.08±6.29bc	8.33±4.73cd

注：不同字母表示差异显著。

4.2.2.3　土壤养分特征

从表4-7和表4-8可知，土壤养分整体随着土壤深度的增加而减小。其中其他坡向的有机质含量均高于正阳坡（样地6），这可能是因为正阳坡接受的太阳辐射多，导致土壤温度高，有机质分解速度快，不易积累。同样全氮含量则主要表现为半阴坡（样地7、8）>半阳坡（样地3、5）>正阴坡（样地1、2）>正阳坡（样地4、6）。另外有机质和全氮的积累还可能和云南松林密度有关，即中林分密度大于低林分密度。而全磷、全钾和速效钾的含量则还有可能还受到成土母质中矿物的影响（杨予静等，2015），表现为同一地区同一坡向差异不显著，这可能和云南松在不同光照下对土壤中矿质元素的吸收有关。可见养分的含量主要由植物、光照和成土母质决定。对不同样地不同深度各土壤指标进行相关性分析，可知某些指标之间存在显著性正负相关关系。如有机质主要与全氮、速效氮、速效钾、pH 呈极显著正相关。相关系数分别为 0.56、0.49、0.47、0.56（附表 3）。

表 4-7　各样地土壤养分特征

样地	深度 （cm）	有机质 （g/kg）	全氮 （g/kg）	速效氮 （mg/kg）	全磷 （g/kg）	全钾 （g/kg）	速效钾 （mg/kg）	pH
1	0~20	18.50	0.76	34.73	0.25	26.95	43.12	4.92
	20~40	11.39	0.57	25.40	0.22	31.43	37.06	4.95
	40~60	6.28	0.42	17.24	0.21	31.68	28.12	5.09
2	0~20	15.07	0.76	39.99	0.25	27.32	40.75	5.04
	20~40	8.85	0.53	29.91	0.21	28.32	32.00	4.97
	40~60	7.52	0.42	12.30	0.17	29.31	35.18	5.06
3	0~20	26.25	0.98	53.46	0.35	63.41	97.37	5.10
	20~40	16.41	0.79	46.07	0.33	47.36	78.31	4.98
	40~60	10.96	0.57	28.20	0.25	78.71	63.50	4.95
4	0~20	23.59	0.79	63.07	0.37	54.70	101.68	5.19
	20~40	17.08	0.68	54.80	0.32	52.08	85.93	5.00
	40~60	16.10	0.57	24.38	0.22	59.80	60.56	5.02
5	0~20	26.07	1.10	58.46	0.19	28.87	34.23	5.04
	20~40	21.27	0.91	29.12	0.16	25.12	38.23	5.10
	40~60	11.19	0.76	13.51	0.13	18.89	17.34	4.95
6	0~20	9.18	0.52	46.37	0.21	38.56	39.23	4.92
	20~40	6.07	0.21	26.09	0.21	29.45	36.24	5.01
	40~60	1.35	0.07	27.94	0.14	26.67	40.67	4.93
7	0~20	33.24	1.14	75.40	0.25	53.13	43.11	5.22
	20~40	22.98	0.95	40.28	0.21	41.98	27.85	5.05
	40~60	12.24	0.72	38.43	0.19	48.84	38.57	4.98
8	0~20	17.09	1.33	63.35	0.25	64.74	24.37	5.04
	20~40	11.61	0.98	28.44	0.22	59.34	33.12	4.92
	40~60	5.96	0.74	19.33	0.19	52.38	44.98	5.11

表4-8 各样地土壤养分含量差异性

样地	有机质 （g/kg）	全氮 （g/kg）	速效氮 （mg/kg）	全磷 （g/kg）	全钾 （g/kg）	速效钾 （mg/kg）	pH
1	12.06 ± 6.14ab	0.58 ± 0.17c	25.79 ± 8.75a	0.23 ± 0.02b	30.02 ± 2.66c	36.10 ± 7.55b	4.99 ± 0.09a
2	10.48 ± 4.03ab	0.57 ± 0.17c	27.40 ± 14.01a	0.21 ± 0.04b	28.32 ± 1.00c	35.98 ± 4.43b	5.02 ± 0.05a
3	17.87 ± 7.75ab	0.79 ± 0.21ab	42.58 ± 12.99a	0.31 ± 0.05a	63.16 ± 15.68a	79.73 ± 16.98a	5.01 ± 0.08a
4	18.92 ± 4.07a	0.68 ± 0.11ab	47.42 ± 20.37a	0.30 ± 0.08a	55.53 ± 3.93ab	82.72 ± 20.75a	5.07 ± 0.10a
5	19.51 ± 7.59a	0.92 ± 0.17ab	33.70 ± 22.82a	0.16 ± 0.03b	24.29 ± 5.04c	38.78 ± 5.97b	5.03 ± 0.08a
6	5.53 ± 3.94b	0.27 ± 0.23c	33.47 ± 11.21a	0.19 ± 0.04b	31.56 ± 6.22c	36.50 ± 2.04b	4.95 ± 0.05a
7	22.82 ± 10.50a	0.94 ± 0.21ab	51.37 ± 20.83a	0.22 ± 0.03b	47.98 ± 5.62b	35.78 ± 9.08b	5.08 ± 0.12a
8	11.55 ± 5.57ab	1.02 ± 0.30a	37.04 ± 23.24a	0.22 ± 0.03b	58.82 ± 6.20ab	56.34 ± 11.47b	5.02 ± 0.10a

注：不同字母表示差异显著。

附表3 土壤养分指标相关性

指标	有机质	全氮	速效氮	全磷	全钾	速效钾	pH
有机质	1						
全氮	0.773**	1					
速效氮	0.760**	0.625**	1				
全磷	0.489*	0.307	0.622**	1			
全钾	0.265	0.367	0.386	0.555**	1		
速效钾	0.353	0.041	0.417*	0.845**	0.522**	1	
pH	0.561**	0.376	0.420*	0.309	0.188	0.287	1

**表示极显著相关（$p < 0.01$）；*表示显著相关（$p < 0.05$）。

4.3 不同样地立地质量评价

4.3.1 基于宏观因子的立地质量评价与分类

宏观立地因子得分见表4-9。反映了温度、光照和水分在不同海拔、坡向和坡位上的分配。可知在宏观立地因子中，海拔和坡向是影响宏观立地质量的主要因子。而坡位得分较小且在各样地中变化不大，这与坡位的量化方式有关，也说明了坡位对于宏观立地质量的影响并不明显。通过聚类分析可将8个样地的宏观立地类型划分为三类，分别为：样地1、2，样地3、4、5、6，样地7、8。

表4-9 各样地宏观因子立地质量评价得分

样地	海拔得分	坡向得分	坡位得分	综合得分
1	0.00	0.00	0.02	0.02
2	0.00	0.02	0.00	0.02
3	0.49	0.22	0.02	0.74
4	0.49	0.45	0.00	0.94
5	0.49	0.39	0.00	0.88
6	0.49	0.49	0.02	1.00
7	0.33	0.12	0.00	0.44
8	0.16	0.12	0.02	0.30

4.3.2 基于微观因子的立地质量评价与分类

微观立地各因子得分见表4-10。反映了各理化因子对土壤质量的贡献大小。可见除 pH 外，其余因子在各样地中对土壤质量的贡献都各有不同。其中容重因子的得分在某些样地中存在较大不同，且得分较大。这说明了磨盘山云南松微观即土壤立地的差异和质量高低明显会受到容重的影响。通过聚类分析可将微观立地分类为：样地1、2，样地3、4、5、7、8和样地6。

表4-10 各样地微观因子立地质量评价

样地	pH	有机质得分	全氮得分	速效氮得分	全磷得分	全钾得分	速效钾得分	容重得分	自然含水量得分	黏粒/砂粒得分	综合得分
1	0.03	0.02	0.01	0.01	0.00	0.02	0.00	0.01	0.01	0.04	0.18
2	0.03	0.02	0.01	0.01	0.00	0.01	0.00	0.02	0.04	0.02	0.17
3	0.03	0.04	0.03	0.02	0.02	0.04	0.04	0.00	0.04	0.08	0.34
4	0.03	0.04	0.02	0.02	0.01	0.04	0.04	0.05	0.04	0.06	0.36
5	0.03	0.04	0.04	0.01	0.00	0.04	0.01	0.10	0.06	0.03	0.34
6	0.03	0.01	0.03	0.01	0.00	0.01	0.00	0.10	0.05	0.02	0.27
7	0.03	0.05	0.04	0.03	0.00	0.04	0.00	0.11	0.01	0.02	0.33
8	0.03	0.02	0.05	0.02	0.00	0.04	0.00	0.10	0.02	0.03	0.34

4.3.3 综合立地质量分类及评价

在得到宏观立地质量和微观立地质量得分的基础上，可进行综合立地质量分类及评价。由宏观微观立地因子得分表可知，不同样地宏观立地得分变化范围更大。同时结合实际，影响云南松生长的主要是光照和温度，因此将宏观、微观立地质量得分作为第一、二分类序列，按照聚类分析的结果可得到云南松立地质量评价，如表4-11所示。可见云南松立地质量可分为四类，为：立地类型 1(样地 6) > 立地类型 2(样地 3、4、5) > 立地类型 3(样地 7、8) > 立地类型 4(样地 1、2)。同时微观立地质量最好的样地其宏观立地质量并不是一定最好。但宏观立地质量较差时，其微观立地质量也较差。

表 4-11　立地质量分类与评价

立地类型	样地	宏观因子平均得分	微观因子平均得分	综合得分
4	1、2	0.02	0.18	0.20
2	3、4、5	0.85	0.35	1.20
1	6	1.00	0.27	1.27
3	7、8	0.37	0.34	0.71

4.4　云南松次生林林分结构特征及差异分析

林分结构绝非林分个体尺度上的概念，它是一个反映林分整体水平状况的指标。其数量化必然涉及对林分整体的考量。显然，林分空间结构的衡量难度大于林分非空间结构，因为还要把分布个体与空间的关系要素考虑在内。目前通常采用的指标包括，角尺度、混角度和大小比数等。研究表明这些指标对复杂森林的空间结构有很强的解析能力。而本文在此基础上还选取了计盒维数作为衡量林分空间结构的指标。理论上，若林分占据了所有生存空间则计盒维数的取值为 2，那么同密度相比其明显具有空间意义。同时，角尺度、大小比数等指标并不能很好地反映这一点，因此特别是在结构方程模型中，计盒维数的作用十分重要，是联系林分空间结构和非空间结构的"桥梁"。为了量化这一意义，目前基于分形概念的方法还包括信息维数等，以衡量林分种群格局强度和个体的非均匀分布。

涉及分布的数量化必然要对分布的大小范围作出界定。虽然小样地的大小不满足对林分空间结构整体把握的要求，但因为考察重点在于局部，即通过较多局部立地条件和林分结构来分析整个林分因子的耦合关系，则耦合关系会更加准确。因为若样地过大则可能会出现整体林分结构特征不足以响应样地最佳立地条件的情况，即使用优势木来指示立地条件。

4.4.1　林分基本特征

对不同大样地云南松进行调查后，得到不同大样地云南松基本特征(表 4-12)。可见各样地云南松林分密度皆处于为低、中状态，且平均胸径随着密度的增加而减小，这表明云南松种群生长受到密度调控的影响。而关于平均树高，在部分样地中存在明显差异。如样地 7 平均树高仅 8.56m，样地 8 则为 11.08m。

一般认为优势木的胸径、树高与立地条件存在明显正相关关系。同时胸径也容易受到密度调控的制约，因而优势木树高和立地的关系可能会更为明显。图 4-1、4-2 表示了在大样地中，优势木树高与宏观、微观立地质量存在较明显正相关关系。其中优势木胸径与宏观立地质量，优势木树高与微观立地质量的相关性较大。

因此本文随后部分在讨论小样地立地质量时，直接用小样地优势木胸径和树高表示。并且由于样地面积的缩小，优势木反映局部立地质量的程度也会显著提高。

表 4-12　各样地林分基本情况

大样地	1	2	3	4	5	6	7	8
平均胸径(cm)	18.94	16.21	23.95	14.30	18.49	14.30	14.28	13.53
平均树高(m)	11.77	8.92	11.50	11.06	7.93	11.06	8.56	11.08
优势木平均胸径(cm)	21.8	22.3	28.45	26.23	25.78	24.34	23.62	22.76
优势木平均高(m)	16.72	15.24	18.12	17.52	17.27	18.13	18.82	18.51
林分密度(株数/hm²)	631	894	413	1581	519	781	1294	1833

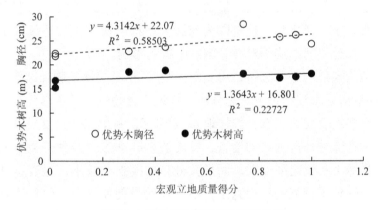

图 4-1　优势木与宏观立地质量关系

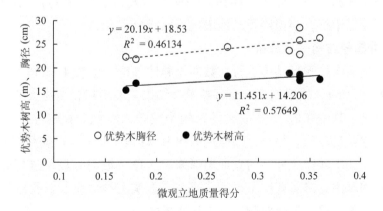

图 4-2　优势木与微观立地质量关系

4.4.2　林分非空间结构特征及差异分析

林分非空间结构主要包括了林木的组成，胸径结构，树高结构以及密度等。其中胸径结构是最重要、最基本的林分结构，反映了不同龄级个体数量的分布。一般认为直接结构受到自身演替、树种组成、树种特性及立地条件的影响。能反映林木龄级动态的变化。相比于胸径结构易受到种内关系的影响，树高结构更多地受立地条件的影响，如较弱光照一般会促进树高生长。

4.4.2.1　林分胸径结构特征

种群非空间结构主要表现为树高和胸径，以及它们在不同径级上的分布。其中胸径分布以每增加3cm为一个径级，即3～6cm为径级1，6～9cm为径级2，依此类推。

一般认为，对于同龄林的树木，其胸径结构分布的特点表现为类似正态分布，即两头林木的个体数较少，大多集中在中等径级的位置。而对于异龄林来讲，其径级分布通常表现为处于较小径级位置的有较多个体，而随着径级的增加，林木个体数量急剧减小，最终趋于平缓，表现为反J形曲线。二者分别代表了两个典型，因而大多林分中的胸径分布介于二者之间，这是因为与胸径结构密切相关的不仅仅是林龄，还包括了立地条件、林分空间结构等对林分胸径结构的影响。

对每个样地胸径结构进行分析，得到图4-3。可见不同样地胸径结构分布各异。其中样地1、2的结构分布较趋近于正态分布，样地4较趋近于反J形分布。其余则介于二者之间，但更多地表现为正态，如样地5、样地8。从龄级的角度看，胸径分布集中在前部分的林木意味着种群数量的增长，反之的种群则表现为种群数量的减小。实际调查中发现，样地4不仅密度较大，而且其分布曲线拐点较小，这表示其个体分布最为紧密，这可能导致了较强的种内竞争，不仅表现为胸径较小，而且还有可能生活史对策使得云南松选择投入更多的能量进行生殖，故而接近倒J形分布。

另外，在实际调查中，样地5存在火烧树木等人为干扰的痕迹。其中属于径级5的云南松受到较强干扰，使得胸径结构表现为双峰分布。

4.4.2.2　林分胸径结构差异分析

对不同样地云南松胸径结构进行均数的差异性分析，由表4-13知，方差为非齐次（$P=0.00$，$P<0.05$），故采用Tamhane检验。结果见表4-14，可见大部分样地其胸径结构均差异显著，其中样地7、8的胸径结构均数较为相似。在实际中，7、8样地的地形控制因子主要是坡位。另外，如样地1和5，样地2和7等在胸径结构均值上并不存在显著差异。其中就样地分布的立地地形来看，单从坡向和坡位进行分析尚不能明确差异的关系和原因，因而有待于进一步研究。事实上林木生长获得的资源水平的高低，以及种内竞争等关系都会对胸径的生长造成影响。

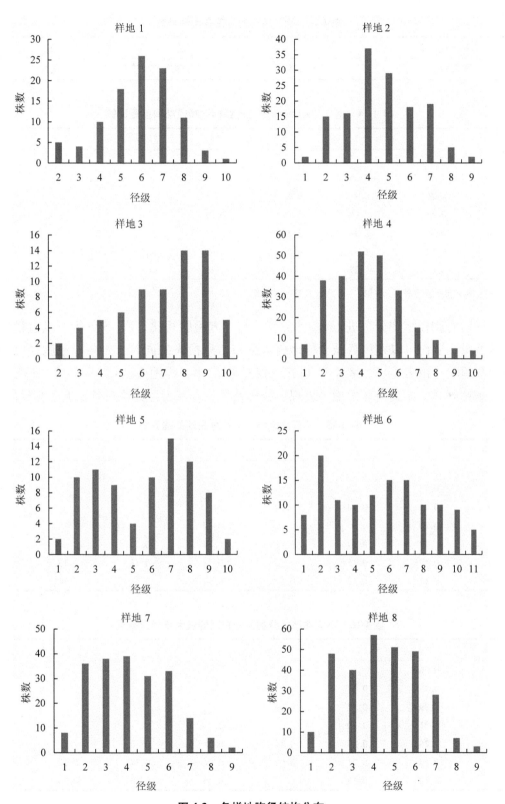

图4-3 各样地胸径结构分布

表 4-13　胸径结构的方差齐次性检验

Levene 统计量	df$_1$	df$_2$	Sig
17.815	7	1135	0.00

表 4-14　基于 Tamhane 方法的各样地胸径结构多重比较

样地	1	2	3	4	5	6	7
2	3.35**						
3	-5.01**	-8.35**					
4	4.26**	0.91	9.23**				
5	0.45	-2.90**	5.46**	-3.81**			
6	0.86	-2.49**	5.86**	-3.40**	0.41*		
7	4.67**	1.32	9.67**	0.40	4.22**	3.81**	
8	4.42**	1.07	9.42**	0.15	3.97**	3.56**	-0.25

注: ** 表示极显著($p < 0.01$); * 表示显著($p < 0.05$)。

同时对胸径结构分布进行 K – S 分析。与卡方检验相比,K – S 分析可以直接选择连续变量,因而可以在尽量减少样地树木分布信息损失的同时,对各样地胸径分布进行差异检验。由表4-15、表4-16 可知,仅样地5、6,样地2、8,4、8,7、8 之间并无显著性差异,而其余各样地均表现出分布差异。表现为最大绝对差异大于临界值。

表 4-15　不同样地林分胸径分布间的临界值

样地	1	2	3	4	5	6	7
2	0.18						
3	0.22	0.20					
4	0.16	0.14	0.19				
5	0.20	0.19	0.22	0.17			
6	0.18	0.17	0.21	0.15	0.19		
7	0.17	0.15	0.19	0.13	0.18	0.15	
8	0.17	0.16	0.20	0.14	0.18	0.16	0.14

表 4-16　不同样地林分胸径分布间的最大绝对差异值

样地	1	2	3	4	5	6	7
2	0.36						
3	0.43	0.57					
4	0.39	0.17	0.60				
5	0.21	0.29	0.31	0.34			
6	0.26	0.25	0.34	0.28	0.12		
7	0.39	0.21	0.60	0.07	0.34	0.29	
8	0.38	0.13	0.60	0.06	0.35	0.30	0.08

4.4.2.3 林分树高结构特征

结合实际情况，本文视每增加2m为增加一个高度级，即0~2m为高度级1，以此类推。并统计每个高度级中树木的个数，然后得到图4-4。由表4-11可知，样地2、5、7的平均树高明显较小，且这些样地都位于上坡。而由表4-3可知各样地在深度0~60cm的土壤中水分上差异不大，说明上下坡的汇水差异在更下层，加之云南松为深根系树种，因而表现出树高生长上的差异。

从分布上看，仅样地3的个体在高度级8和9中存在较大比例，可能一方面因为样地3位于半阳坡，不存在较强光照更多地促进云南松水平生长的作用。另一方面密度最小，则可能个体对水分的竞争强度弱于其他样地，于是使得树高得以较充分生长。但仅从密度上并不能准确判断林木个体对水分的竞争，因为涉及林木在空间中的具体格局，即也有可能存在均匀或随机分布的结构单元。

从林层来看，除样地3、5、8外各样地云南松大多都集中在10~16m或8~14m的高度范围内，为云南松生长的主林层。而样地5和样地3、8的云南松林层则主要集中在4~12m、14~18m的范围内。这表明不同立地下云南松林层可能受到立地或林分结构的影响。垂直结构的复杂性可由树高多样性表示。

4.4.2.4 林分树高结构差异分析

因方差非齐次（表4-17），故采用Tamhane法对不同样地树高进行检验，以明确其均值差异的大小。由表4-18可知，大部分样地平均树高之间存在显著差异。样地1、3，1、6，1、8，2、3，2、4，3、4，3、8不存在显著差异。且这些样地的分布大多同为下坡或同为上坡，当然也有坡位不同的情况，如样地3、4。可见坡位因子对云南松的平均树高有一定影响，但坡位因子只能起到间接作用，树木生长的水热、光照和营

表4-17 树高结构的方差齐次性检验

统计量	df₁	df₂	Sig
16.807	7	1070	0.00

表4-18 基于Tamhane方法的各样地树高结构多重比较

样地	1	2	3	4	5	6	7
2	2.21**						
3	0.27	−1.95					
4	1.77**	−0.45	1.5				
5	3.83**	1.62*	3.56**	2.06**			
6	0.35	2.03**	3.98**	0.28	3.41**		
7	6.70**	4.49**	6.43**	4.93**	2.87**	2.46**	
8	−1.03	−3.25**	−1.30	−2.80*	−4.87**	−5.28**	−7.74**

注：**表示极显著($p<0.01$)；*表示显著($p<0.05$)。

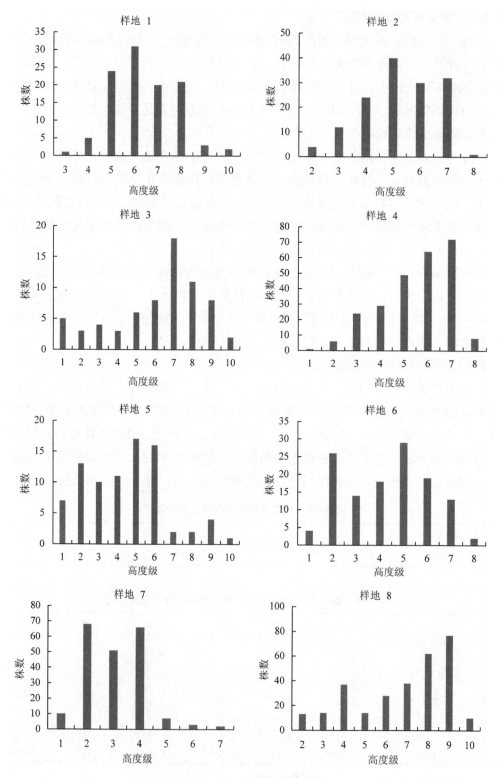

图4-4　各样地树高结构分布

养条件才是直接作用因子。事实上导致差异的原因包括了立地条件、林分空间结构，以及生长时间等。就本实验而言，各样地林龄差异不大，因而引起差别的主要原因为立地条件和林分空间结构上的异同。

同时采用 K–S 检验分析不同样地云南松树高分布差异。因取样样本不变，故临界不变。表 4-19 表明仅样地 1、3 和样地 5、6 的树高分布相似，其余分布均存在显著性差异。一般认为树高的生长对水分、光照都较为敏感。具体表现为水分过少则抑制树高的生长，光照较强则促进树形态的水平延展。另外还可能涉及林分密度，其树高分布还主要受到林分空间结构的影响，如聚集较为紧密则相邻树之间为了争取阳光而选择高生长，样地 4 和样地 8 的树高等级分布图支持了这一假设。从分布图中还可以发现树高的生长存在明显极限，且不同样地其最多个体高度聚集在不同高度级。

表 4-19　不同样地林分直径分布间的最大绝对差异值

样地	1	2	3	4	5	6	7
2	0.35						
3	0.21	0.41					
4	0.31	0.18	0.41				
5	0.51	0.25	0.54	0.30			
6	0.54	0.26	0.56	0.35	0.08		
7	0.93	0.72	0.80	0.73	0.51	0.51	
8	0.40	0.54	0.24	0.51	0.59	0.57	0.75

4.4.2.5　胸径结构的 Weibull 分布研究

对不同样地胸径分布进行 Weibull 函数拟合，拟合结果见表 4-20。除干扰较强的样地 5 拟合较差，以及样地 6 拟合一般外，其余拟合结果均良好，R^2 都在 0.8 之上。经卡方检验，其实际值的分布都与理论分布无显著差异，这表明各样地胸径的径级分布都符合 Weibull 分布。其中又由 c 值可知，样地 1 和样地 3 的 Weibull 分布呈山状且负偏，其余皆呈山状且正偏。

表 4-20　胸径结构的 Weibull 分布

样地	a	b	c	卡方	df	Sig	R^2
1	3.0	6.48	4.38	3.45	7	0.84	0.98
2	3.0	4.86	2.74	9.33	7	0.23	0.86
3	3.0	8.44	5.28	2.39	8	0.97	0.88
4	3.0	4.87	2.56	8.44	9	0.49	0.95
5	3.0	7.86	1.87	14.18	9	0.12	0.29
6	3.0	7.61	1.51	13.29	12	0.27	0.61
7	3.0	4.80	2.23	7.44	8	0.49	0.91
8	3.0	5.04	2.36	13.29	12	0.35	0.87

4.4.2.6 叶面积指数动态

叶面积指数并不同于树高和胸径，其随季节的变化表现出明显差异。对于云南松而言，其大小在水温充沛的夏季会明显增加，随后生长减缓则叶面积指数的增长也逐渐变小。这一过程中叶面积指数与林分密度存在一定联系。因为对于密度较大的林分来说，林冠有增厚的趋势，使得叶面积指数增大。图4-5为不同月份不同样地的叶面积指数，可见整体而言随着水热条件的好转，云南松叶面积指数逐渐增加，由4月（2.07±0.56）到9月（3.69±0.60）。同时在密度差距一定的范围内，叶面积指数明显受到坡向的影响，表现为阳坡大于阴坡。这不仅因为云南松为喜光植物，可能更多的光照往往促进植物枝条的横向生长，使林木叶面积增加。如样地6（781株/hm²）的密度虽然小于样地2（894株/hm²），但因其位于正阳坡，在各个时段中叶面积指数依然较大。样地4（1581株/hm²）与样地8（1833株/hm²）也有类似情况。另外林层厚度也可能会对叶面积指数存在影响，表现为较厚的林层有较大的叶面积指数，因而林层集中在4~12m的样地5（519株/hm²）的叶面积指数大于林层集中在10~14m的样地3（413株/hm²）。

有研究表明这种关系存在幂异速关系（白静等，2008），即符合 $LAI = aD^b$，其中 LAI 为叶面积指数，D 为密度，a、b 为系数，b 一般小于1。将不同样地在不同时期的叶面积指数进行幂异速关系的拟合，得到表4-21。可知随着季节的增长 a 越来越大，b 则越来越小。b 表明了叶面积指数随季节的增加呈减缓趋势。另外 a 的大小可能与云南松不同季节光合作用有关。

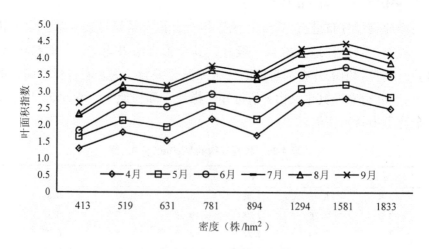

图4-5 不同样地不同季节叶面积指数

表 4-21 不同月份幂异速函数拟合结果

月份	4	5	6	7	8	9
a	0.09	0.17	0.19	0.41	0.39	0.53
b	0.47	0.39	0.40	0.31	0.32	0.29
R^2	0.78	0.81	0.85	0.81	0.78	0.81

4.4.3 林分空间结构特征及差异分析

4.4.3.1 角尺度特征及差异

由角尺度意义可知，角尺度越小表示林分结构单元的林木分布越均匀，反之则意味着分布聚集。从图 4-6 角尺度的分布频率中可以看到，前 4 个样地结构单元的分布大多随机（ $W=0.5$ ），样地 3 明显有较多趋近于均匀分布的结构单元（ $W=0.25$ ），而样地 2 则有较多的聚集分布的结构单元（ $W=0.75$ ）。后 4 个样地其特点依然是随机分布的结构单元占了绝大多数，其频率都在 0.5 左右。各样地角尺度均值依次为：0.51、0.56、0.48、0.55、0.53、0.52、0.54、0.52。因均值差异并不明显，于是对每个样地角尺度的分布特点进行差异性检验。因角尺度为分类指标，并非连续变化，故而可采取卡方检验。由卡方检验结果表 4-22 可知，大部分样地之间的角尺度分布并无显著区别，存在显著差异的包括样地 1 和样地 2、7，样地 2 和 3，样地 3 和 4 等。

表 4-22 不同样地角尺度分布卡方检验

样地	1	2	3	4	5	6	7
2	5.72 *						
3	2.95	6.50 *					
4	7.54	5.67	7.87 *				
5	2.67	0.92	1.97	2.40			
6	1.89	4.10	4.26	1.26	1.32		
7	8.02 *	4.20	5.16	1.42	1.52	2.70	
8	5.17	4.67	4.25	4.35	1.45	2.39	3.23

注：＊＊表示极显著（ $p<0.01$ ）；＊表示显著（ $p<0.05$ ）。

4.4.3.2 大小比数特征及差异

大小比数反映了参照树所在结构单元的生态位，包括优势（ $U=0$ ）、亚优势（ $U=0.25$ ）、中庸（ $U=0.5$ ）、劣势（ $U=0.75$ ）、绝对劣势（ $U=1$ ）等。由大小比数的分布频率图 4-7 可知部分样地差异明显。如在前四个样地中，样地 1 和样地 2 的大小比数在分布上存在较大差异，表现为样地 2 较多处于绝对劣势的参照树。在后四个样地中，样地 5 中处于中庸状态的参照树数量明显较少，其频率为 0.1。处于优势和劣势的参照树数量均大于中庸态，与之类似的还有样地 8。相比而言，样地 6 的分布则较为平

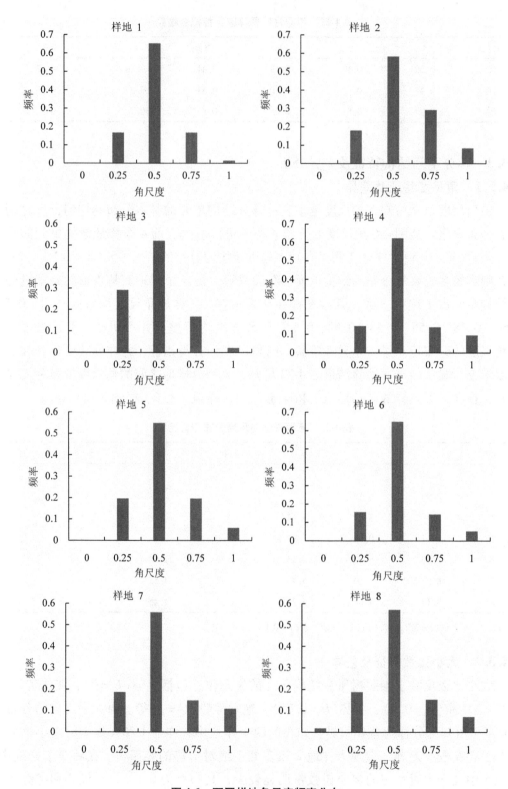

图4-6　不同样地角尺度频率分布

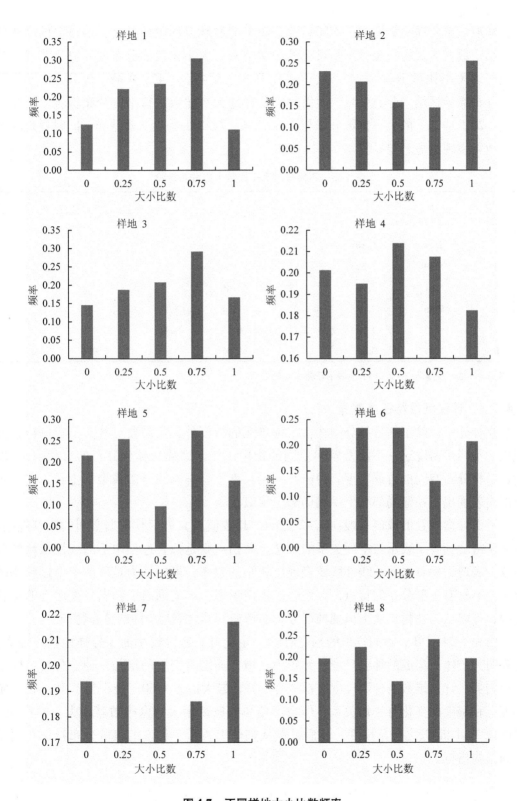

图 4-7 不同样地大小比数频率

均，样地7也与样地2类似。不同频率分布可能和林分的更新有关，如较多的幼树使得大小比数偏大。另外相较于角尺度的频率分布，大小比数的分布差异更为明显。各样地平均大小比数分别为：0.51、0.49、0.53、0.49、0.47、0.48、0.51、0.50。因卡方分布检验适用于分类变量，因而对不同样地大小比数进行卡方分布检验。其结果见表4-23。样地1的大小比数分布与样地2、6、7、8的都有显著差异，同时样地5也与样地4表现出显著差异。

表4-23　不同样地大小比数卡方分布检验

样地	1	2	3	4	5	6	7
2	12.31*						
3	1.04	5.88					
4	5.49	3.62	1.87				
5	5.41	5.26	3.19	4.46			
6	9.66*	2.09	5.07	2.37	8.11*		
7	8.43*	1.64	2.74	0.69	4.85	1.41	
8	7.09*	3.28	2.06	2.45	1.21	5.03	2.3

注：**表示极显著($p<0.01$)；*表示显著($p<0.05$)。

4.4.3.3　计盒维数特征及差异

在林分中，除了衡量林分中林木结构单元的特征外，还需要对林分分布进行整体把握。不同于密度这一不涉及空间范围的指标，计盒维数从林分分布的自相似出发，衡量了林分对空间的占据程度。种群在一定尺度上，林木或分散或聚集生长，在一定范围内表现出下一级局部与上一级局部的相似性。

平面计盒维数的取值一般在1~2之间，其数值越大表示其占据空间的程度越高，较之于密度拥有了表示与空间关系的意义。而拐点则是拟合过程中不同线性区域的分界点，表现为拐点之前的线性区域表现出较小的斜率，可以认为是种群中个体状态的分布，不具有种群分布的特点，因而往往不用考虑。本文列出了拐点尺度之上的拟合方程，可以认为在拐点之上出现种群分布的特征，其之下是个体的分布特征。

由表4-24可知，不同样地的拐点存在一定差异，密度较小的3号样地拐点最大，这表明其个体聚集成的种群尺度单元较为松散，而随着密度的增加，种群分布尺度呈减小趋势。计盒维数在种群尺度上都拟合良好，最大值为1.60，最小为1.18。在一定程度上和密度的变化有密切关系，但也不单单是密度增大计盒维数就增大，如样地6和样地2。同时较之于角尺度，计盒维数从整体上表示了林木的聚散分布特征，属于空间结构指标。

表 4-24 不同样地计盒维数与拐点

样地	计盒维数	拟合方程	R^2	拐点
1	1.35	$y = 1.35x + 4.49$	0.98	3.22
2	1.44	$y = 1.44x + 4.24$	0.94	2.37
3	1.18	$y = 1.18x + 4.12$	0.98	4.08
4	1.59	$y = 1.59x + 5.44$	0.94	1.67
5	1.22	$y = 1.22x + 4.29$	0.89	3.50
6	1.27	$y = 1.27x + 4.73$	0.93	2.64
7	1.60	$y = 1.60x + 5.74$	0.89	1.99
8	1.56	$y = 1.56x + 5.57$	0.92	1.86

4.5 林地立地条件与林分结构关系

林分结构包括了林分非空间结构以及林分空间结构，并受到立地环境的影响。因而探究立地条件与林分结构的关系，可以分为探究立地条件、林分空间结构对林分非空间结构的影响，以及立地条件、林分非空间结构对林分空间结构的影响两类。为了探究立地条件对林分结构的影响，本文视空间和非空间林分结构因子为物种变量。立地条件，包括土壤各项理化指标、地形因子以及林分空间或非空间因子为环境变量因子。又因样地 5 存在较大干扰，因而选择样地 5 中干扰较小即没有火烧的局部作为替代。通过基于线性模型的 RDA 排序方法，分析物种与环境的联系。基于 RDA 分析的准则是事先将物种变量进行 DCA 分析，因第一主轴的长度小于 3，则认为选择 RDA 分析更加适宜。

4.5.1 基于 RDA 排序的立地条件对林分结构的影响

为探究立地环境以及林分空间结构对林分非空间结构的影响。在变量选择上从指标的功能和作用出发，同时避免意义重叠且变化不大的指标。如土壤质地与 pH 在各样地中均无明显差异。即将林分非空间结构因子：平均胸径（cm）、平均树高（m）、每个样地林木数量（株）作为物种因子（小箭头）1、2、3。将土壤理化因子：饱和持水量（%）、毛管持水量（%）、田间持水量（%）、自然含水量（%）、容重（g/cm³）、有机质（g/kg）、全氮（g/kg）、速效氮（mg/kg）、全磷（g/kg）、全钾（g/kg）、速效钾（mg/kg）视为环境变量因子（大箭头）1、2、3、4、5、6、7、8、9、10、11。同时也将地形因子包括：坡向、坡位、海拔视为环境变量因子 12、13、14。将角尺度、大小比数、计盒维数视为环境变量因子 15、16、17。

为探究立地环境以及林分非空间结构对林分空间结构的影响，将角尺度、大小比数、计盒维数视为物种因子(小箭头)1、2、3，然后将平均胸径(cm)、平均树高(m)、每个样地林木数量(株)作为环境因子(大箭头)15、16、17，其余编号不变。

4.5.1.1　立地条件、林分空间结构对林分非空间结构的影响

经变量筛选，在显著通过 Monte Carlo 置换检验的基础上($P < 0.05$)，其最优 RDA 排序结果如图 4-8 所示，表 4-25 为各影响因子与排序轴的相关系数。RDA 排序轴 1、2 的特征值分别为 0.872 和 0.055，物种-环境关系系数分别为 0.991 和 0.999，表明排序结果良好。林分非空间结构及其影响因子相关关系的 90.9% 体现在排序轴 1 上，而 1、2 排序轴可以解释林分非空间结构 – 影响因子变异的 96.6%。表明排序结果有很强的解释能力。

由图 4-8 及表 4-25 可知，按相关系数的绝对值与第一轴相关性较大的环境因子主要有自然含水量、容重和速效氮。体现了土壤水分和养分的梯度变化。可知密度与速效氮有较大正相关，而与自然含水量和容重则为负相关。说明了较多个体对水分争夺和改良土壤密度有明显作用。第二轴则主要为林分空间结构的梯度变化。角尺度较多的影响树高，即林木分布越聚集则个体为争夺阳光会更多地进行高生长。计盒维数与平均胸径呈负相关，说明林分对空间的占据越大则胸径生长越易受到影响。另外从连线的长度来看，0～60cm 土层的自然含水量作用较小。

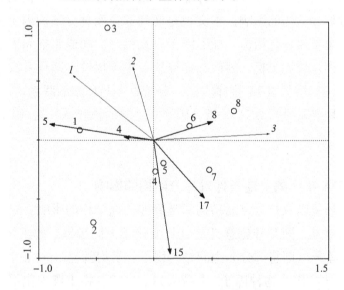

图 4-8　林分空间指标、立地条件与林分非空间指标的 RDA 排序

表 4-25　各因子与排序轴的相关性

变量	4 自然含水量	5 容重	8 速效氮	15 角尺度	17 计盒维数
第一排序轴	− 0.2502	− 0.8978	0.4989	0.1421	0.4298
第二排序轴	0.0259	0.1354	0.1584	− 0.9612	− 0.4892

4.5.1.2 立地条件、林分非空结构对林分空间结构的影响

经变量筛选，在显著通过 Monte Carlo 置换检验的基础上（$P < 0.05$），其最优 RDA 排序结果如图 4-9 所示，表 4-26 为各影响因子与排序轴的相关系数。RDA 第一、二排序轴对林分空间结构以及林分空间结构 – 影响因子变异的解释量分别为：99.4% 和 99.6%。故排序结果有较强的解释能力。相关性的绝对值与第一轴较大的有平均胸径、密度等。表示了该梯度随林分非空间结构的变化。同理第二轴（竖轴）梯度变化则反映了水分和光照的变化。可知，林分密度、平均胸径对角尺度、计盒维数为正影响。而水分、光照对大小比数为负影响。表明了良好的水分和光照度可以很大程度缓解个体之间的竞争，表现出较小的大小比数。

综上，可以做出如下判断：首先，林分空间结构同林分非空间结构相互影响；其次，土壤养分因子较易影响林分非空间结构，而地形带来的水与光照环境的变化则较易影响林分空间结构，主要包括林木的大小分化。然而，只是明确了立地条件和林分结构的梯度关系并不能指出关系内部具体的联系，比如无法判断林分非空间结构和林分空间结构受到立地条件的影响分别有多大，因而有必要对这种关系进一步明确和深化。

应该指出在 RDA 排序中各林分结构因子之间的影响并不对等，如角尺度作为环境变量对胸径树高有明显影响，而胸径树高作为环境变量时，树高对角尺度无明显影响。

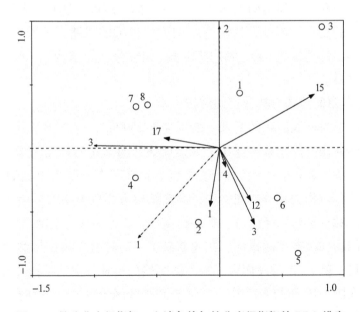

图 4-9 林分非空间指标、立地条件与林分空间指标的 RDA 排序

表 4-26　各因子与排序轴的相关性

变量	1 饱和持水量	3 田间持水量	4 自然含水量	12 坡向	15 平均胸径	17 密度
第一排序轴	−0.0752	0.2776	0.0489	0.2487	0.7624	−0.4383
第二排序轴	−0.4603	−0.5997	−0.1509	−0.4150	0.4194	0.0788

4.5.2　基于结构方程模型的立地条件与林分结构

结构方程模型是广泛应用于心理学、经济学、社会学、行为科学等领域的因果检验模型，是一般线性模型的扩展。如路径分析、因素分析、多元方差分析、多元回归等都可以看做结构方程模型的特列(吴明隆，2009)。相比于结构方程模型上述方法只能检验自变量和因变量的单一关系(吴明隆，2009；王树力等，2014)。而结构方程模型不仅综合了已有的线性分析方法，还能对变量关系进行验证分析，并拥有严格的统计假设检验办法，且容纳了变量存在的测量误差，因此结构方程模型具备了一般线性分析不具有的能力，如为分析那些不可直接测量的变量(潜变量)之间的结构关系提供了可能(王酉石等，2011)。

在云南松林分系统中，立地条件对林分结构造成影响，但是立地条件并不是某个具体可以直接测量的因子，它是由包括温度、光照、水分以及土壤养分等生态因子经过综合作用反映出的一种状态。同时，本文探讨的林分结构也是由众多个体综合反映出的特征，且空间和非空间结构也不是某单一指标。所以上述特征都可视为抽象综合且不能直接观察的变量。因此，这符合结构方程模型的思路，即通过外显变量(如角尺度、大小比数、计盒维数)来计测内潜变量(如林分空间结构)，进而分析内潜变量与其他变量的关系。

4.5.2.1　林分非空间结构与林分空间结构

空间结构指标对样地面积的要求一般不少于 2500m^2，这是为了避免局部小区域结果波动偏差于整体均值。而本研究在于观察局部结构单元的特征，因此选择的样地面积为 400m^2，并以 100 个小样地为研究样本。本研究中，以大小比数(x_3)、角尺度(x_4)、计盒维数(x_5)作为林分空间结构，即在结构方程模型中为外生潜变量(ξ_3)的观察指标。同理以林分平均胸径(x_6)、平均树高(x_7)、小样地个体数量(x_8)作为外生潜变量林分空间结构(ξ_2)的观测指标。在此基础上，对林分空间结构和林分非空间结构的关系进行探讨。就 RDA 排序而言，并不能直接分析林分空间结构和林分非空间结构相关关系，如在图 4-10 和图 4-11 中，只能看到某些因子对另一些因子的相关关系，但结构方程模型却可以直接着眼于两大结构，结果如图 4-12 所示。

由卡方自由度之比 $\chi^2/df = 9.8/8$，$\chi^2/df < 3$；且 $P = 0.270$，$P > 0.05$，故接受虚无性假设，即观察数据与模型适配。模型的拟合结果均达到各项检验要求。其检验结果见表 4-27。由图 4-10 可知，林分空间结构和林分非空间结构存在负相关的路径系数

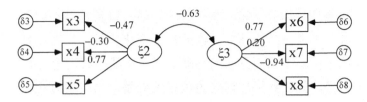

图 4-10　林分空间结构与非空间结构相关关系（模型 1）

-0.63，$P=0.046$，$P<0.05$，为显著关系。这表明随着林分空间结构的变化，非林分空间结构将发生一定负相关变化。在该模型的关系下，角尺度、大小比数的因子载荷量分别为：-0.30、-0.47。其系数大小表明了它们受到林分空间结构的影响大小，且为负。而林分空间结构对计盒维数为正影响。当林分空间变化 1 时，三者分别变化 -0.30、-0.47、0.77。即三者对空间结构的估计有明显贡献。同理，就从载荷量来看，平均胸径、平均树高和个体数量也能较好地估计林分非空间结构。和 RDA 排序结果相比较，结构方程模型考虑的是上述结构因子在受到林分空间和非空间的影响，而并不是因子与因子之间的直接关系。由影响系数的正负来看，在较小样地中计盒维数与角尺度、大小比数为负相关，与 RDA 排序结果不同。说明了小样地中林木对空间的占据程度更多表现为林木的散布，而在大样地中则表现为个体数量的增加。另外需要指出的是因为路径参数的设置不同，林分空间结构和林分非空间结构的相关系数也可能为正，其数值大小与负数相同。其原因在于，如果将计盒维数设定为与林分空间结构关系的标准参照（图 4-10），则其变化就人为约定了与林分空间结构变化方向一致。而此时大小比数、角尺度就与林分空间结构的变化方向相反。

　　立地条件影响到林分中每个个体的繁殖与生长，又通过种内或种间作用的调节，最终形成了稳定的林分结构。因此林分结构的形成原因可以认为是来自立地条件和林分物种两方面。同时林分内物种的关系在很大程度上也受到立地条件的影响。比如在养分贫瘠的地方，距离过近的同种物种必然会有剧烈的竞争，之后可能导致竞争失败的一方消亡，表现出角尺度的减小。而在养分良好的地方可能出现较多的聚集，但是这种聚集也不会无限发展下去，最终因为自疏的作用，导致聚集达到一个稳定状态。总之，立地条件是林分结构的基础。

　　在分析二者关系的时候，因为不可能过多考量个体作用，所以分析地范围的界定以及重复都十分重要。本文采用 RDA 分析了 8 个大样地，采用结构方程模型分析了100 个小样地。其目的在于通过范围较大的大样地得到立地条件，林分结构中具体因子的梯度变化关系。表示了云南松林分结构变化在不同立地条件中的普遍性。同时也对林分空间和林分非空间结构进行了数量化确定和分析。为了验证这数量化的可靠性，继续采用结构方程模型分析了林分立地条件、林分结构，和大小多样性的关系。

　　相较于 RDA 和结构方程模型的结论，前者从因子本身出发，后者则从层次出发，都直接揭示了立地条件对林分空间、非空间的作用，以及林分空间与林分非空间的关系。不同在于前者分析了云南松林分结构的梯度变化特征，后者则量化了林分结构这一具有抽象意义因子。由于采用方法的基础不同，在某些结论上也存在差异。如 RDA 排序表明角尺度与平均胸径和平均树高为负相关关系，而结构方程模型则认为角尺度与平均胸径、平均树高的相关性均为正。区别在于前者并没有将结构因子作为系统的某一层次来考虑，即将林木的聚散分布，大小分化和对空间的占据视为一个描述林分空间结构的综合因子。后者则没有给出因子之间的直接联系，且仅考虑了立地条件对林分非空间及空间结构的影响(图 4-11)。但在立地方面与 RDA 排序结果类似。

然而在阐明林分结构与立地条件的关系，以及找出主要影响因子等方面两个模型的结论是分别适用的。相比之下，结构方程模型从层次的角度进行考虑，即认为林分结构指标受到林分结构的影响。所以在样本数量较大的情况下，其结果就不再是因子之间的直接关联。

4.5.2.2 林分因子耦合

多样性是衡量林分复杂程度的重要指标。其中纯林多样性主要体现在林木的大小多样性上，即可以概括为树高和胸径多样性。同时林木大小多样性也是林分非空间结构指标，且更多表现出胸径、树高在不同大小级上的分布，从非空间角度衡量了林分水平和竖直结构的复杂性。如由香浓公式可知若林木大小多样性越大，则林木在各大小级上数量分布越均匀，大小分化的程度越大。因此建立大小多样性与其他林分因子的耦合关系不仅可以验证各林分因子指标的有效性还能得到立地与林分结构的关系。

研究表明立地条件直接影响林分结构和林分多样性(王树力等，2014；闫淑英等，2010)。而林分结构作为长期驱动森林生长的重要因子，在响应立地条件，影响林分生长的同时也影响林分多样性(赵洋毅，2011)。因而可以建立立地条件、林分结构影响林分多样性中林木大小多样性的结构方程模型。而林木大小多样性表征了胸径树高的分布复杂程度，在本质上属于林分非空间结构。因此也在一定程度上反映了林分空间结构对林分非空间结构的影响。同时在构建结构方程模型时，将样地中云南松个体数目对计盒维数的影响也包括在内，则在一定程度上反映了林分非空间结构对林分空间结构的影响。以小样地中优势木树高(x_1)、胸径(x_2)等作为小样地的立地条件代替指标。通过结构方程模型的分析，结果如图 4-11 所示。其卡方自由度之比为：$\chi^2/\mathrm{df}=37.5/26$，$\chi^2/\mathrm{df}<3$，$P=0.067$，$P>0.05$，故接受虚无假设，即模型与观测数据适配。其他拟合指标见表 4-27。由图 4-11 知，立地条件对林空间结构、非空间结构的影响系数为：-0.35、0.54，即立地条件变化1，林分空间结构变化-0.35，林分非空间结构变化0.54。直接对胸径多样性、树高多样性的影响系数分别为：0.23、0.77，均为正影响。可知环境因子直接对树高多样性的影响较胸径多样性大。这表明树高对环境的响应更为明显。这与王树立等(2014)的研究相似。在王树力等的结构方程模型中树高多样性对林分多样性的因子载荷量为 1.044，大于胸径多样性 0.540。而立地环境对林分结构的影响系数为 0.657，于是当立地环境变化 1 时，则树高多样性变化 $0.657 \times 1.044 = 0.686$，胸径多样性变化 $0.657 \times 0.540 = 0.355$。由表 4-27 可知，在林分结构中空间结构对胸径多样性的影响系数为 0.52，对树高多样性的影响系数为 0.81。即空间结构更容易影响树高多样性的变化，为正影响。另外，非空间结构对胸径的影响系数为 -0.44，对树高多样性的影响系数为 -0.18，意味着非空间结构更易影响胸径多样性的变化，为负影响。标准化总影响系数表明，胸径多样性主要受到立地条件的影响，影响系数为 0.46，而树高多样性主要受到林分结构的影响，影响系数为 0.63。另外，立地条件对大小多样性的总影响系数为 0.85。林分结构对大小多样性的总影响系数为 0.71。

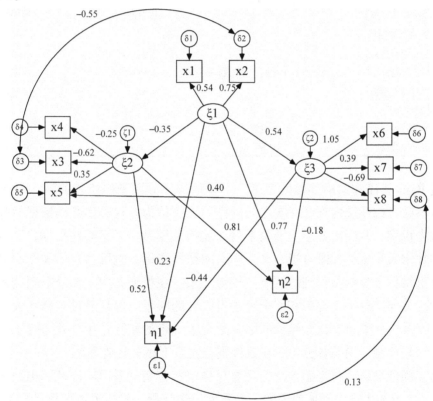

图 4-11　林分因子耦合关系（模型 2）

必须指出的是森林生态系统中许多林分特征因子并不孤立。如本文中云南松个体数量的多少还表现出对林分空间的填充程度，直接影响计盒维数。在图 4-11 中表示了这种关系，即 x_8 对 x_5 存在影响，其系数为 0.40。若立地条件变化 1，则计盒维数将变化 -0.27。这可能表明了在较好的立地条件下，云南松倾向于增加现有个体的大小。而当立地条件不太适宜的时候，云南松开始倾向于 r 对策即采取繁殖策略使得个体数量增加，导致计盒维数变大。事实上云南松因种子繁殖的方式为 r 对策生物（虞泓，

1999)。其相关性与 RDA 排序结果相似。同时以上结论还证明了，通过平均胸径、平均树高、个体数量来估计林分非空间结构，以及通过角尺度、大小比数、分形维数来估计林分空间结构是具有可行性的。

表 4-27　结构方程模型拟合结果检验

检验指标	接受标准	模型 1	模型 2
残差分析			
RMR（未标准化残差）	越小越好	0.162	1.955
拟合效果指标			
绝对拟合效果指标			
χ^2/df（卡方自由度之比）	<3	1.225	1.442
GFI（绝对拟合指数）	>0.90	0.918	0.905
相对拟合效果指标			
NFI（正规拟合指数）		0.925	0.825
IFI（增值适配指数）	介于 0 到 1 之间，越大越好	0.911	0.921
RFI（相对适配指数）		0.896	0.864
替代性指数			
NCP（非集中性参数）	越小越好	16.179	11.505
CFI（相对拟合指数）	>0.90	0.934	0.922

通过 RDA 排序和结构方程模型研究了立地与林分因子的相互关系。RDA 排序较为直接，不必考虑系统内部各层次之间的作用。而结构方程模型必须依据对林分因子关系的预先识别，判断出各层次的关系后才能构造模型。对于某些指标，其意义相对综合。如林木大小多样性既可视为林分非空间结构指标，也可独立出来作为多样性指标。因此由结构方程模型得到的结果就较为复杂。在模型 2 中，林分空间结构和非空间结构的区分与路径关系并没有完全表达出二者的联系。但是通过对林木大小多样性的影响，以及个体数目对计盒维数的影响刻画了二者的相互作用，并通过了结构方程模型拟合结果检验。说明林分因子在该种耦合关系下显著且适合。

生物多样性被认为与生态系统的功能与稳定有密切关系（De et al. 2012；Grime et al. 1998），已成为生态学领域研究的一个重大科学问题。包括了物种数目、个体数量、分布、相互关系等内容（张金屯等，2011）。在云南松纯林中，个体差异的分布是多样性的主要内容。于是胸径、树高多样性在具备多样性意义的同时具体为衡量林分非空间结构复杂性。对磨盘山云南松天然次生纯林进行了基于结构方程模型的林分因子分析（表 4-28）。测量模型的结果表明：林分空间结构和林分非空间结构存在显著负相关，相关系数为 -0.63。各观测变量均能较好反映隐变量。而结构模型则表明：立地条件对胸径多样性、树高多样性除了直接影响作用外还存在间接影响作用。其中对树高多样性的间接影响为负影响，影响系数为 -0.38。总体而言，对胸径多样性影响最大的是立地条件。对树高多样性影响最大的是林分结构。林分结构又分为空间结构和非空间结构。其中非空间结构对胸径、树高多样性为负影响，并对胸径影响较大。空间结构对胸径、树高多样性为正影响，并对树高影响较大。陈学群（1995）的研究指出随着林分密度的增加，林分平均胸径减小，直径分布的离散程度就越大，树高却不易受到这种影响。这表明非空间结构易影响胸径，而非树高。在本研究中认为林分密度受林分非空间结构的影响，而当林分密度变化1时，林分非空间结构需变化 -1.45。其对胸径多样性、树高多样性的影响系数为：0.64、0.26。这表明密度使胸径分布更加离散。郑景明等（2007）的研究表明垂直复杂性和树高多样性存在显著正相关，显然空间结构更易影响垂直复杂性。与本文结论类似。另外，立地条件对多样性的影响大于林分结构，这与王树力等（2014）的研究一致。并由此猜测上述林分特征因子的变化关系可能并不受树种的影响。

表4-28 云南松次生林结构方程模型标准化影响系数

影响因素	标准化直接影响	
	胸径多样性($\eta 1$)	树高多样性($\eta 2$)
立地条件(ξ_1)	0.23	0.77
林分空间结构(ξ_2)	0.52	0.81
林分非空间结构(ξ_3)	-0.44	-0.18

影响因素	标准化直接影响	
	胸径多样性($\eta 1$)	树高多样性($\eta 2$)
立地条件(ξ_1)	0.23	-0.38
林分空间结构(ξ_2)	0	0
林分非空间结构(ξ_3)	0	0

影响因素	标准化直接影响	
	胸径多样性($\eta 1$)	树高多样性($\eta 2$)
立地条件(ξ_1)	0.46	0.39
林分空间结构(ξ_2)	0.52	0.81
林分非空间结构(ξ_3)	-0.44	-0.18

生态系统是一个拥有耗散结构的非线性开放系统（普里戈金，2005），拥有固有复杂性（武显微等，2005）。可见，为了描述系统复杂行为并不能单靠一对一的简单关系来直接描述。本文从云南松的立地条件、林分结构等特征因子出发，通过结构方程模型主要探究了林分结构因子与立地的关系。和以往的研究相比，细化了林分空间结构和非空间结构，分析立地、结构因子作用于林木大小多样性的直接和间接作用。并没有直接讨论平均胸径、平均树高、大小比数、角尺度等林分因子对大小多样性的影响。而是将它们视为受较高系统层次影响的观察变量。即可以通过观测变量来估计位于系

统主要结构位置的隐变量，进而探讨隐变量之间的联系。这正是结构方程模型的重要思想。其对系统的解构和分析都有较强能力。然而结构方程模型还没有广泛运用到自然科学领域。目前国内外在草地、湿地、森林生态方面有一定应用（王树力，2014；徐咪咪，2010；王酉石，2011；Laughlin et al.，2009）。

本章小结

对不同坡向、坡位、海拔的各样地土壤理化性质进行了分析，结果表明，土壤水分主要与林分密度有关，表现为在中、低下，密度越大，水分越多。一部分样地表现为下坡位持水量大于上坡位，向阳坡向大于向阴坡向。土壤质地以壤土为主，容重随土壤深度的增加而增加，且表现出地段差异。养分随着深度的增加呈减小趋势。半阳坡或半阴坡有较大的土壤养分含量，部分养分指标如磷、钾还与成土母质有关。另外土壤各指标之间有的存在极显著或显著相关关系，如有机质与全氮、全磷、速效钾等。

基于模糊数学对立地质量进行评价，得到各样地宏观、微观质量得分，可将样地按照立地质量高低分为：立地类型1（样地6）＞立地类型2（样地3、4、5）＞立地类型3（样地7、8）＞立地类型4（样地1、2）。将宏观、微观立地质量得分与样地优势木胸径、树高进行线性回归分析，发现二者分别和宏观、微观立地质量得分有较好线性相关。

对样地的林分非空间结构中树高、胸径和叶面积指数进行了调查。经分析后发现不同样地树高、胸径的均值差异明显，且由 K－S 检验知，大部分样地的胸径、树高的分布也存在明显不同。由 Weibull 函数对不同样地的胸径分布拟合可知，除样地5拟合较差外，其余结果都较好地符合 Weibul 分布。在不同样地，叶面积指随着水热条件的好转均呈增大趋势，其和密度的关系为幂异速增长关系。意味着密度越大，叶面积指数增长越缓慢。

对样地林分空间结构进行了角尺度、大小比数、计盒维数的分析。结果发现，角尺度、大小比数在均值上并无明显差异。各样地平均角尺度分别为：0.51、0.56、0.48、0.55、0.53、0.52、0.54，平均大小比数分别为：5.13、0.49、0.53、0.49、0.47、0.48、0.51、0.50。但在分布上个别样地有显著差异。如角尺度分布存在显著差异的样地有：样地1和样地2、7，样地2和3，样地3和4等。计盒维数的分析结果表明，不同样地林分对空间的占据明显不同，计盒维数分别为：1.35、1.44、1.18、1.59、1.22、1.27、1.60、1.56。且拐点的大小各异，样地在种斑块尺度上聚集程度不一，与密度有一定关系，表现为密度越大，拐点越小。

采用 RDA 排序对大样地林分空间结构和林分非空间结构的影响因子进行研究。结果表明林分空间结构和林分非空间结构存在相互影响，具体表现为：角尺度和计盒维数对平均树高和平均胸径为负影响。而反过来密度对角尺度的影响为正。对于林分非空间结构来讲，土壤理化性质如速效氮、自然含水量、容重等与密度呈梯度变化。其中速效氮对密度为促进作用，自然含水量和容重对密度为抑制作用。而对于林分空间结构则坡向及土壤物理性质，如饱和持水量、土壤自然含水量、田间持水量等与大小比数呈负梯度变化。表明了良好的水分和光照不至于林木个体大小分化。而平均胸径和林分密度主要影响角尺度与计盒维数，前者为负影响，后者为正影响。

结构方程模型的结果表明，在林分结构尺度上，林分非空间结构和林分空间结构的相关性系数的绝对值为 0.63。二者对其他林分因子如大小多样性存在明显影响。因耦合通过检验，表明了从层次角度对林分结构进行估计是可行的。其中林分非空间结构对林分胸径多样性、树高多样性的影响系数为 0.52、0.81。林分空间结构的影响则为负，标准化影响系数分别为 −0.44 和 −0.18。同时立地条件对空间和非空间两大林分结构的标准化影响系数分别为 −0.35 和 0.54，而对林分水平结构（胸径多样性）和垂直结构（树高多样性）复杂性的标准化总影响系数分别为 0.46 和 0.39。表明较好的立地有利于林分结构复杂性的形成。

第5章
云南松天然次生林的生态水文功能

5.1 试验设计与研究方法

5.1.1 样地选择

在磨盘山上选取滇中高原地区典型乡土树种云南松为研究对象，选取云南松林中的 3 个 20m × 20m 典型样地进行调查，调查的指标主要包括海拔、坡位、坡向、胸径、树高、树龄、密度等。样地和植被概况见表 5-1。

表 5-1 云南松典型林分样地和植被概况

样地号	平均胸径 (cm)	平均树高 (m)	平均密度 (株数/hm²)	平均林龄 (a)	海拔 (m)	坡向	坡位
小样地 1	16.8	8.73	806	27	1919	阳坡	下坡
小样地 2	14.77	9.05	1038	25	1918	阴坡	下坡
小样地 3	13.83	7.23	1288	26	1921	阴坡	上坡

5.1.2 林内外降雨

在距离云南松森林植被样地 50m 的林外空旷地，利用自动气象站（Watchdog，美国，Corbett Research 公司）和虹吸式自记雨量计测定林外降雨量（mm）。林内穿透雨测定：在云南松林分内，按照相隔 5m 划出方格线，按方格线的交点布设雨量筒，每个乔木标准地布置 9 ~ 12 个雨量筒来测定（在距离树干 1/3、1/2 处布设）；树干径流测定：根据样地的树木径级（按 4cm 一个径级划分）和数目，共选择代表性样树 5 株，在树干基部 60 ~ 130 cm 间将剖开的 PVC 管螺旋状嵌入树干四周，用钉子及玻璃胶粘牢，并将其导入树干基部的塑料桶内，雨后收集树干径流，按照下式计算林分的树干径流量：

$$C = \sum_{i=1}^{n} \frac{C_i \cdot M_i}{S \cdot 10^4} \tag{5-1}$$

式(5-1)中：C 为树干径流量(mm)；n 为树干径级数；C_i 为第 i 径级单株树干径流体积(ml)；M_i 为第 i 径级的树木株数；S 为样地面积(m^2)；冠层截留测定：林内总雨量应该为林冠饱和后的滴落水量、穿透雨量、树干径流量之和。因此计算林冠截留量的公式如下：

$$I = P - T - G \tag{5-2}$$

式(5-2)中，I 为冠层截留量(mm)；P 为大气降雨(mm)；T 为穿透雨(mm)，G 为树干径流(mm)；在降雨过程中有很少一部分雨水会被蒸发，但由于降雨时气温较低故蒸发量较少，因此蒸发量也计算为林冠截留量，故在计算的时候不考虑蒸发量。

$$林冠截留率 = (林冠层截留量/林外降雨量) \times 100\% \tag{5-3}$$
$$林内透雨率 = (林内穿透雨/林外降雨量) \times 100\% \tag{5-4}$$
$$树干径流率 = (树干径流量/林外降雨量) \times 100\% \tag{5-5}$$

5.1.3　空间结构

若将样地内林木的分布结构视为分形体，则可采用分形维数表征小样地中林木对空间的占据情况(马克明等，2000)。公式(5-6)为：

$$D_b = -\lim_{\varepsilon \to 0} \frac{\ln N(\varepsilon)}{\ln \varepsilon} \tag{5-6}$$

其中，D_b 为分形维数；ε 为样地中格子的边长，$N(\varepsilon)$ 表示不同尺度格子中树木的个数，体现了尺度划分。本文中将每个小样地从 2 等分至 20 等分，即格子尺度从 10 m × 10 m 到 1 m × 1 m。同时采用平均大小比数、平均角尺度衡量林分空间结构特征(舒树森等，2015)，公式为：

$$\overline{U} = \frac{1}{n} \sum_{i=1}^{t} U_i \tag{5-7}$$

$$\overline{W} = \frac{1}{n} \sum_{i=1}^{n} W_i \tag{5-8}$$

其中 U_i 为大小比数，为结构单元中 K_{ij} 的平均值，即如果相邻木 j 比参照木 i 胸径小，则 $K_{ij} = 1$，否则 $K_{ij} = 0$。W_i 为角尺度，为结构单元中 Z_{ij} 的平均值，即如果第 j 个角小于标准角 0，$Z_{ij} = 1$，否则 $Z_{ij} = 0$。平均大小比数和平均角尺度分别衡量了林木个体大小和分布格局等情况(周红敏等，2009)，对复杂森林的空间结构有很强的解析能力(惠刚盈等，2004)，以胸径和树高大小比数反映林木的大小分化程度较冠幅大小比数可靠(李东，2010)。

5.1.4　林地凋落物水文生态功能研究

(1)凋落物水文生态功能研究储量调查

将新采集的凋落物放置于实验室干燥通风处 7 天，直至用手触摸无潮湿感时，称其质量作为不同林分风干质量，从风干样品中随机取部分装入塑料网袋中，85℃烘干8h 后冷却称质量，计算样品自然含水量，以此为参数计算样方枯枝落叶物的自然含水率和单位面积储量。每个样品设计重复三次。

凋落物现存量的测定，不同森林类型凋落物生物量积累数量的多少，受气候因子、林分密度因子、树种生物学特性以及人为经营活动的影响有较大差异。分别称得烘干凋落物鲜重和烘干凋落物干重。计算公式如下：

$$M = M_0 \times K \times 10^{-1} \tag{5-9}$$

式中：M 为样地凋落物现存量(t/hm^2)，M_0 为取样样方凋落物鲜重(g)，K 为换算系数，K =烘干用凋落物干重(g)/烘干用凋落物鲜重(g)。

(2)凋落物持水动态测定

在选取的三种样地中分别取部分自然风干样品进行浸水试验，测定时段为 0.5、1、1.5、2、4、6、8、10、12、24 h。称量时将凋落物连同铁网丝网袋一并取出，静置 5 min 左右，直至凋落物不滴水为止，迅速称量凋落物的湿重并进行记录，以浸泡24h 后的持水量为最大持水量，每个样品重复三次，进行凋落物浸泡实验。

计算公式：

$$持水量 = 湿质量 - 烘干质量 \tag{5-10}$$
$$持水率 = 持水量/烘干质量 \times 100\% \tag{5-11}$$
$$持水速率 = 持水量/浸水时间 \tag{5-12}$$

(3)凋落物对降水的拦蓄能力测定

凋落物的现存量和其最大持水率对拦蓄能力起相当大的作用，最大持水量并不代表凋落物对降雨的截留量，它只能反映凋落物层的持水能力大小。本研究凋落物的有效拦蓄量用下式表示：

$$We = (0.85Rm - Ro)M \tag{5-13}$$

式中：We 为有效拦蓄量(t/hm^2)，Rm 为最大持水率(%)，Ro 为平均自然含水率(%)，M 为枯落物蓄积量(t/hm^2)。

(4)凋落物对人工模拟降雨的拦蓄能力测定

为了测定三个样地凋落物的截持降雨量，取自然风干样品装入铁丝网袋。然后用人工模拟降雨装置对装有干凋落物的铁丝网袋进行人工降雨，为便于比较，设定本实验的降雨强度分别为 10mm/h 和 50mm/h，降雨历时分别为 1h 和 0.5h。

在降雨过程中，每 10min 对装有凋落物的铁丝网袋称重。称得不同时刻铁丝网袋的重量减掉铁丝网袋自重（同时考虑实验筛自身吸附水影响，从测定值中减去）和凋落物自然重即为不同时刻凋落物对降雨的截持量，时段截持量与降雨时段的比值即为凋落物的吸水速率。每种雨强、每个树种的凋落物分别重复实验两次。

5.1.5 数据处理与计算

灰色关联是指事物之间不确定性关联，或系统因子与主行为因子之间的不确定性关联。灰色关联分析是基于行为因子序列的微观或宏观几何接近，以分析和确定因子间的影响程度或因子对主行为的贡献测度，而进行的一种分析方法（刘思峰等，1991；邓聚龙，2002）。

灰色关联系数计算公式：

$$\xi_i(k) = \frac{\min_i(\Delta_i(\min)) + \rho\,\max_i(\Delta_i(\max))}{|x_0(k) - x_i(k)| + \rho\,\max_i(\Delta_i(\max))} \tag{5-14}$$

式中，$\xi_i(k)$ 为关联系数，ξ_i 是第 i 个时刻比较曲线 x_i 与参考曲线 x_0 的相对差值，它称为 x_i 对 x_0 在 k 时刻的关联系数；$\rho\varepsilon(0, +\infty)$，称为分辨系数，$\rho$ 越小，分辨率越大，一般取 $\rho = 0.5$。

灰色关联度 λ_i 平权法求得，计算公式为：

$$\lambda_i = \frac{1}{n}\sum_{k=1}^{n}\xi_i(k) \tag{5-15}$$

灰色关联度 λ_i 非平权法求得，计算公式为：

$$\lambda_i = \frac{1}{n}\sum_{k=1}^{n}a(k)\xi_i(k) \tag{5-16}$$

通过运用 Excel 软件分别对三个样地的各指标值进行计算，包括平均值、持水速率、拦蓄量等。

5.2 云南松林分对降雨的再分配规律

5.2.1 研究区降水特征

根据 2015 年磨盘山雨季（6—8 月）自动气象站记录的数据，总降雨量 497.4mm，日平均降雨量为 5.41mm。研究期间，降雨量的日最大值为 55.5mm，最小值为 0.1mm。6、7、8 月份分别有 13、21、20 天降雨，8 月的降雨量最大，达 234.2mm，占测定期间降雨量的 46.8%。

5.2.2 林内穿透雨的变化特征

穿透降雨由 2 部分组成，一部分是没有接触林冠而直接通过林冠的间隙到达林地表面的降雨，称为自由穿落雨；另一部分是击打林冠表面而溅落的雨滴，以及被叶片和枝条截持后滴落的雨水，称为冠滴水量（夏体渊等，2009）。研究期间，到达云南松林样地内的穿透雨总量为451.55mm，占同期林外降雨量的90.78%。平均穿透雨率变异系数为3.37%。由此可知，在研究期间林分的穿透雨率变化幅度不是很大。由图5-1可见，研究区林内穿透雨量随降雨量的增加而增加，两者呈极显著的线性关系，林分的穿透雨量(y)与降雨量(x)关系方程为：$y = 0.85531x + 1.7417$（$P < 0.01$）。该林分内的穿透雨率(y_1)与降雨量(x)之间皆属对数函数关系，关系方程为：$y_1 = 4.4138\ln$ $(x) + 78.207$（$P < 0.01$）。林分内降雨量 < 20 mm 时，穿透雨率一般随降雨量的增加而增大，但在降雨量≥50mm之后，增加趋势逐渐变缓并最后稳定在95%左右。

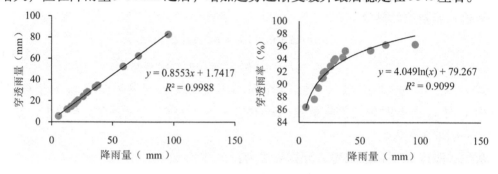

图5-1 云南松林植被的穿透雨量和穿透雨率随降雨量的变化特征

5.2.3 树干径流的变化特征

树干径流也叫茎流、干流，树干径流的产生途径有二：一是枝叶上拦截的降雨汇集到树干而流下；二是雨滴直接滴落到树干上，加湿树干产生树干径流。树干径流能补充树根周围水分，也会引起林下水分的分布不均，具有非常重要的水文功能（赵鸿雁等，2002；马雪华，1989）。研究期间，云南松林树干径流总量为0.3mm，占总降雨量的0.068%，树干径流率的变异系数为24.11%。由此可知，在研究期间林分的径流率变化幅度不大。树干径流量(y_2)和降雨量(x)间呈极显著的线性关系，关系方程分别为：$y_2 = 0.00086x - 0.00581$（$P < 0.01$），$R^2 = 0.95625$（$P < 0.01$），随着降雨量的增加，树干径流量均呈增大的趋势。树干径流率(y_3)和降雨量(x)间均呈显著地对数函数关系，关系方程为：$y_3 = 0.01321\ln(x) + 0.01576$（$P < 0.01$），当降雨量 < 30mm时，树干径流率随降雨量的增加而急剧增大，当降雨量 > 30mm 时，树干径流率增大的趋势变缓，趋于稳定，稳定在0.05%左右（图5-2）。根据林分树干径流量和降雨量的线性回归方程在 X 轴的截距经计算得出为6.7mm，表明当降雨量大于6.7mm时，云南松才能产生树干径流。

5.2.4 林冠截留作用随降雨特征的变化

通常采用林冠截留率来比较不同林分的截留作用，是比较不同林分林冠特征的重

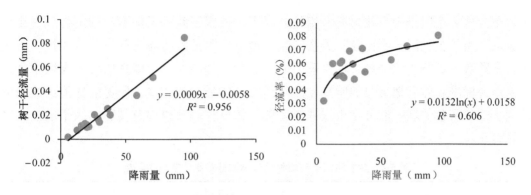

图 5-2　云南松林植被的树干径流量和径流率随降雨量的变化特征

要指标(张一平等,2003)。研究期间,云南松林的林冠截留总量为 33.1mm,占同期降雨总量的 6.65% 。研究期间林冠截留量存在负值,原因是在降雨量大的时候,云南松叶片上积存有一定量的小雨滴,在未降雨的时候积存的小雨滴被风吹落或通过自由落体运动降落在用于测量的仪器中,也统计在林冠截留量里面,加之降雨期间空气湿度大,积存的小水滴量也增多,所以最终的截留量就有可能比大气降雨量多。但总体来看在云南松森林中,林冠截留量均是随着林外降雨量的增加而逐渐增大,在降雨量 > 50mm 后,增大的幅度逐渐变缓,云南松林的林冠截留量(I)与降雨量(x)呈显著的对数函数关系,关系方程分别为 $I_0 = 2.1853\ln(x) - 5.5859(P < 0.01)$, $R^2 = 0.7726(P < 0.01)$;林冠截留率也表现为相同的规律性,即随着林外降雨的增加而减小,在研究期间,云南松的林冠截留率变化范围为 14.54% ~ 100% (图 5-3)。

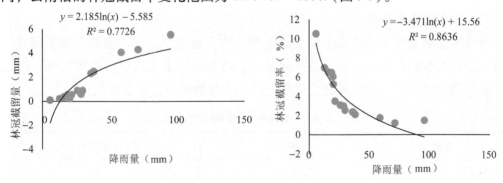

图 5-3　林冠截留量随降雨量的变化特征

5.3　影响云南松林分对降雨分配的特征因子

影响林冠截留率的可能因素主要有:降雨量、角尺度、大小比数、分形维数、胸径、树高、密度等。由于各种影响因子之间可能存在一定的相互影响,为确定各因子对林冠截留率影响的重要性,对其进行排序。本文采用模糊数学的灰色关联法分析多个因子，从多个因子中寻找出典型相关的因子，使因子间关系的紧密程度得到一个数学表示，用相关性的大小比较其关系的紧密性。为了消除各参数间量纲的不同，首先对各参数数列进行生成处理，本文采用最大值化的处理方法，即选取各组参数中的最大值作为标准，然后把每组的所有参数与其对应的最大值相除，所得的比值组成新的数列。按照灰色关联度的公式步骤进行运算，林分林冠截留率及其影响因子的灰关联度见表5-2。

表5-2　各影响因子与两种林分林冠截留率的灰色关联度

林分类型	影响因子						
	降雨量	角尺度	大小比数	分形维数	密度	胸径	树高
云南松林冠截留率	0.90703	0.9248	0.8737	0.9458	0.8087	0.7238	0.8308

灰色关联度越大，说明其比较数列与参数数列的发展趋势越接近，或者说比较参数对参考数列的影响就越大（段旭等，2010），从表5-2的灰色关联度看出，所选择的参数中对云南松林分的林冠截留率的影响程度最大的三个因素为分形维数、角尺度和降雨量，而密度和胸径因子的影响程度较小。

5.4　林地凋落物水文功能

5.4.1　林地凋落物储量

凋落物层是森林生态系统中植物地上部分器官或组织枯死、脱落后堆积而成，是森林生态系统物质循环的一个重要组成部分，凋落物层水文生态功能的发挥，首先取决于它的数量和质量。对每种林分类型的样地凋落物储量，基本情况见表5-3。

表5-3　云南松林地凋落物储量

样地	厚度（cm）	凋落物储量（t/hm²）
1	1.17	7.86
2	1.60	20.31
3	2.13	22.46

由表5-3可见，云南松林分凋落物层厚度变化为1.60～2.13cm。林分下凋落物现存量为7.8～22.4 t/hm²，林分的凋落物储量存在差异与凋落物的输入量、分解速率、林龄、林分组成、林型、气候、人为活动等都有很大关系。

5.4.2　林地凋落物持水动态

5.4.2.1　凋落物持水能力分析

凋落物的持水能力多用干物质的最大持水量和最大持水率表示，其值的大小与林分类型、林龄、凋落物组成、分解状况、积累等有关。表 5-4 为 3 种不同密度云南松林地凋落物持水动态过程。

表 5-4　云南松林地凋落物持水动态　　　　　　　　　　　　　　　　　mm/h

样地	浸水时间（h）									
	0.5	1	1.5	2	4	6	8	10	12	24
1	93.77	114.62	149.56	151.65	185.93	193.32	204.23	221.16	227.19	224.06
2	147.53	156.5	160.34	161.29	183.78	191.78	222.71	225.61	228.63	253.47
3	244.08	271.87	286.84	299.3	355.13	382.42	399.68	409.56	414.61	429.8

不同密度林地凋落物的最大持水率变动范围为 150% ~ 250%，其中以 3 号林的最大，最大持水率为 237%；2 号林地其次，为 172%；1 号林地的最小，为 155%。1 号林凋落物的持水能力要高于 2 号林，3 号林的持水能力是 1 号林的 1.37 倍。各林地的最大持水率呈现出不同的规律，这是因为最大持水率与枯落物本身的生物量和结构有关，而且凋落物的分解程度也影响凋落物的持水能力。凋落物可能因分解速率、叶片大小及表层特性影响吸水能力，此外凋落物的最大持水率与凋落物的现存量关系密切。

5.4.2.2　凋落物持水速率变化

凋落物的持水速率与持水能力是紧密联系的，林地凋落物的吸水速率快能将林内降水迅速涵蓄起来，从而减少地表径流的发生。

图 5-4 为凋落物的持水速率随浸水时间的变化规律。凋落物在前 0.5 h 内的持水速率较高，主要是由于凋落物从烘干状态浸入静水后，枯枝落叶的死细胞间或者枝叶表面水势差较大，吸水速率高。此外，枯枝落叶的细胞间连接物质为细胞间水分存贮提

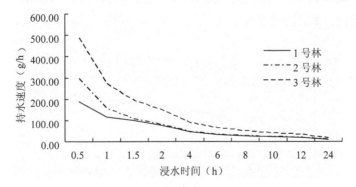

图 5-4　不同林地凋落物持水速率变化

供了场所，使枯枝落叶在浸入水中的初期持水量剧增。但随着浸水时间的增加，其吸水速率表现出逐渐递减的趋势。

从表5-5可见，3号云南松林地凋落物的平均持水速率最大，其次是2号林，最小的是1号林。从图5-4可看出，直接分析整体时间段的吸水速率顺序为：3号林（488.16）＞2号林（295.06）＞1号林（187.54）。这是因为持水速率与凋落物本身的生物量和结构有关，而且凋落物的分解程度也影响凋落物的持水能力。凋落物可能因分解速率、叶片大小及表层特性影响吸水能力，此外凋落物的持水速率与现存量有很大关系。对所研究的3种云南松林林下凋落物层持水速率与浸泡时间之间的关系进行数据分析拟合，可以看出，林分凋落物浸入水中刚开始时其吸水速率相差很大，但随浸泡时间延长，3种林下凋落物吸水速率趋向一致，这主要是因为随着浸泡时间增长，各种凋落物持水量接近其最大持水量，凋落物逐渐趋于饱和，其持水速率随之减缓。枯枝落叶层一开始迅速吸水的过程对于短时间、大暴雨的降水产生的径流、滞后径流有显著影响，这正是枯枝落叶保持水土、调节水文作用的巨大功能所在。

表5-5　林地凋落物持水速率变化

| 持水速率 | 浸水时间（h） | | | | | | | | | |
(g/h)	0.5	1	1.5	2	4	6	8	10	12	24
1	187.54	114.62	99.71	75.83	46.48	32.22	25.53	22.12	18.93	10.17
2	295.06	156.50	106.89	80.65	45.95	31.96	27.84	22.56	19.05	10.56
3	488.16	271.87	191.23	149.65	88.78	63.74	49.96	40.96	34.55	17.91

5.4.2.3　凋落物持水量随时间变化过程

凋落物吸持水的速率与凋落物的干燥程度、凋落物量和凋落物结构有关。凋落物越干燥，吸持水的速率越快；凋落物量越多，短时间内的吸持水量越大；而革质、含油脂的树种的凋落物吸持水速率比非革质、含油脂量少的树种凋落物慢。采用人工浸水试验的方法，对凋落物进行持水过程分析，观测不同林分类型凋落物浸水时间0.5～24h的持水量变化，如图5-5所示。

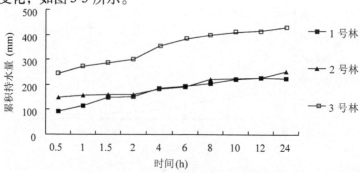

图5-5　林地凋落物持水过程

由图5-5可知：凋落物的吸持水量在浸水实验开始的半个小时内迅速增加，以后随着时间的延长而有不断增加的趋势，但增加的速率放慢在30min内，3号林凋落物的持水能力最大，为244.08mm/h，其次为2号林147.53mm/h，1号林的持水能力最小，为93.77mm/h。可以看出，凋落物拦蓄地表径流的功能在降雨开始时较强，此后随着凋落物湿润程度的增加，吸持能力降低，至达到凋落物的最大饱和持水量。

5.4.2.4　林地凋落物对降水的拦蓄能力测定分析

凋落物层对降水的拦蓄能力，与其自然含水量、最大持水率密切相关，长时间降雨可使凋落物层的拦蓄能力迅速降低，另外凋落物的现存量对拦蓄能力也起相当大的作用。根据雷瑞德的研究（叶吉等，2004），当降雨量达到20~30mm以后，不论哪种植被类型，实际持水率约为最大持水率的85%左右，因而采用有效拦蓄量来表示对降雨的实际拦蓄量。根据公式经计算得出不同林地凋落物有效拦蓄量（表5-6）。

表5-6　不同林地凋落物有效拦蓄量

样地	储量（t/hm²）	自然含水率（%）	最大持水率（%）	有效拦蓄量（t/hm²）
1	7.86	0.28	237	13.63
2	20.31	0.22	155	22.29
3	22.46	0.21	172	28.12

由表5-6可见：3种密度云南松林分凋落物有效拦蓄量大小顺序为：3号林（28.12 t/hm²）>2号林（22.29 t/hm²）>1号林（13.63 t/hm²）。林地凋落物有效拦蓄量与凋落物现存量关系密切。

5.4.3　人工模拟降雨条件下的凋落物持水动态

5.4.3.1　模拟降雨条件下凋落物持水能力分析

为了更好地研究不同密度云南松林分凋落物的水文特性，本研究对三种林地凋落物在特定雨强的条件下进行人工模拟降雨的截持实验。设定本实验的降雨强度分别为10mm/h和50mm/h，降雨历时分别为1h和0.5h。

根据研究设定，对采集的凋落物进行人工模拟降雨，得出：10mm/h降雨强度下凋落物的持水量随降雨时长的变化过程（表5-7），及在50mm/h降雨强度下凋落物的持水量随降雨时长的变化过程（表5-8）。

表5-7　云南松林地在降雨强度10mm/h下凋落物的持水过程变化　　　　　　mm/h

样地	10min	20min	30min	40min	50min	60min
3	115.13	154.96	188.28	209.92	233.26	231.00
2	77.58	93.05	107.05	116.78	123.75	127.55
1	93.76	102.15	118.18	123.23	122.25	110.42

表5-8 云南松林地在降雨强度50mm/h下凋落物的持水过程变化　　　　mm/h

样地	10min	20min	30min
3	114.33	160.03	189.11
2	78.95	99.94	124.57
1	87.07	100.89	99.84

在10mm/h降雨强度下，凋落物的吸持水量在实验开始的10min内迅速增加，以后随着时间的延长有不断增加的趋势，但增加的速率放慢。在实验进行50min以后，凋落物的吸持水量有减少的趋势。因此可以认为，凋落物拦蓄地表径流的功能在降雨开始时较强，此后随着凋落物湿润程度的增加，吸持能力降低，至达到凋落物的最大饱和持水量。同时也表明：凋落物拦蓄地表径流的能力与其自身的干燥程度有关。在10min内，3号林凋落物的持水能力最大，为115.13mm/h，其次为2号林77.58mm/h，1号林的持水能力最小，为77.58mm/h。

在50mm/h降雨强度下，凋落物的吸持水量在实验开始的10min内迅速增加，以后随着时间的延长有不断增加的趋势，但增加的速率放慢。在实验进行20min以后，云南松林凋落物的吸持水量有减少的趋势。因此可以认为，凋落物拦蓄地表径流的功能在降雨开始时较强，此后随着凋落物湿润程度的增加，吸持能力降低，至达到凋落物的最大饱和持水量。同时也表明：凋落物拦蓄地表径流的能力与其自身的干燥程度有关。在10min内，3号林凋落物的持水能力最大，为114.33mm/h，其次为2号林87.07mm/h，1号林持水能力最小，为78.95mm/h。

5.4.3.2　人工模拟降雨条件下凋落物的拦蓄能力分析

（1）林地凋落物层人工模拟降水截留量的分析

为了更好地研究林地凋落物的水文功能，本次实验加入了人工模拟降雨实验方法，更准确地反应出林地凋落物在降雨条件下的持水特性。在模拟降雨强度为10mm/h的条件下对凋落物的截留量进行实验研究得出不同林地凋落物降雨截留量变化，如图5-6所示。

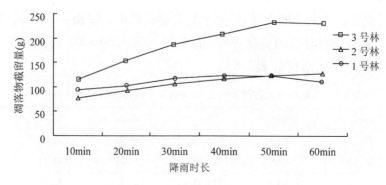

图5-6 不同林地凋落物降雨持水截留量

由图 5-6 可知：在 10mm/h 降雨强度下，凋落物的截留水量在实验开始的 10min 内迅速增加，以后随着时间的延长有不断增加的趋势，但增加的速率放慢。在实验进行 50min 以后，凋落物的截留水量有减少的趋势。因此可以认为，凋落物截留地表径流的功能在降雨开始时较强，此后随着凋落物湿润程度的增加，吸持水能力降低，至达到凋落物的最大饱和持水量。同时也表明：凋落物拦蓄地表径流的能力与其自身的干燥程度有关。在 10min 内，3 号林凋落物的持水能力最大，为 115.13mm/h，其次为 2 号林 77.58mm/h，1 号林的持水能力最小，为 77.58mm/h。

在人工模拟降雨强度为 50mm/h 的条件下，对不同林地凋落物进行实验研究得出降雨截留量变化，如图 5-7 所示。

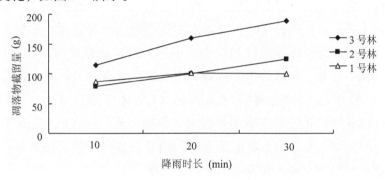

图 5-7　不同林地凋落物降雨截留量

由图 5-7 可以看出：在 50mm/h 降雨强度下，凋落物的截留水量在实验开始的 10min 内迅速增加，以后随着时间的延长有不断增加的趋势，但增加的速率放慢。在实验进行 20min 以后，云南松林凋落物的截留水量有减少的趋势。因此可以认为，凋落物拦蓄地表径流的功能在降雨开始时较强，此后随着凋落物湿润程度的增加，吸持能力降低，至达到凋落物的最大饱和持水量。同时也表明：凋落物拦蓄地表径流的能力与其自身的干燥程度有关。通过对比林地凋落物在不同降雨强度条件下的截留量，可以分析出，低强度降雨的林地凋落物的截留量比高强度的降雨截留量要多。说明低强度降雨条件下林地凋落物的持水性能要好于高强度的降雨条件下的持水性能。

（2）林地凋落物在人工模拟降水条件下的吸水速率

林地凋落物在降雨条件下的吸水速率与林地持水能力是紧密联系的，林地凋落物的吸水速率能快速地将林内降水迅速涵蓄起来，从而减少地表径流的发生。因而研究凋落物的持水速率对林地水文功能研究是不可缺少的。

在模拟降雨强度为 10mm/h 的条件下对凋落物的持水速率进行实验研究得出不同林地凋落物降雨持水速率变化，如表 5-9 所示。

表 5-9　降雨持水速率变化

持水速率 (g/min)	降雨时长（min）					
	10	20	30	40	50	60
3	11.51	7.74	6.27	5.24	4.66	3.85
2	7.76	4.65	3.56	2.92	2.47	2.12
1	9.38	5.10	3.94	3.08	2.45	1.84

通过分析可以得出：在降雨强度为 10mm/h 的条件下，凋落物在降雨持续 10min 内的持水速率较高，主要是由于凋落物从烘干状态浸入静水后，枯枝落叶的死细胞间或者枝叶表面水势差较大，吸水速率高。此外，枯枝落叶的细胞间连接物质为细胞间水分存贮提供了场所，使枯枝落叶在浸入水中的初期持水量剧增。但随着浸水时间的增加，其吸水速率表现出逐渐递减的趋势。平均持水速率最大的是 3 号林，其次是 2 号林，最小的是 1 号林。在林地凋落物持水作用最强的前 30 min 内，其吸水速率顺序为：3 号林（11.51g/min）>2 号林（9.38g/min）>1 号林（7.76g/min）。不同密度林分凋落物浸入水中刚开始时其吸水速率相差很大，但随浸泡时间延长，3 种林下凋落物吸水速率趋向一致，这主要是因为随着浸泡时间增长，各种凋落物持水量接近其最大持水量，凋落物逐渐趋于饱和，其持水速率随之减缓。

在模拟降雨强度为 50mm/h 的条件下对凋落物的持水速率进行实验研究得出不同林地凋落物降雨持水速率变化，如表 5-10 所示。

表 5-10　降雨持水速率变化

持水速率 (g/min)	降雨时长（min）		
	10	20	30
3	11.43	8.00	6.30
2	7.90	5.00	4.15
1	8.71	5.04	3.33

通过分析可以得出：在降雨强度为 50mm/h 的条件下，凋落物在降雨持续 10min 内的持水速率较高，主要是由于凋落物从烘干状态浸入静水后，枯枝落叶的死细胞间或者枝叶表面水势差较大，吸水速率高。此外，枯枝落叶的细胞间连接物质为细胞间水分存贮提供了场所，使枯枝落叶在浸入水中的初期持水量剧增。但随着浸水时间的增加，其吸水速率表现出逐渐递减的趋势。平均持水速率最大的是桉树林，其次是云南松林，最小的是针阔混交林。在林地凋落物持水作用最强的前 30 min 内，其吸水速率顺序为：平均持水速率最大的是 3 号林，其次是 2 号林，最小的是 1 号林。在林地凋落物持水作用最强的前 30 min 内，其吸水速率顺序为：3 号林（11.43g/min）>2 号林（8.71g/min）>1 号林（7.90g/min）。不同林分凋落物浸入水中刚开始时其吸水速率

相差很大，但随浸泡时间延长，3 种林型林下凋落物吸水速率趋向一致，这主要是因为随着浸泡时间增长，各种凋落物持水量接近其最大持水量，凋落物逐渐趋于饱和，其持水速率随之减缓。枯枝落叶层一开始迅速吸水的过程对于短时间、大暴雨的降水产生的径流、滞后径流有显著影响，这正体现了枯枝落叶保持水土、调节水文作用。

通过对比林地凋落物在不同降雨强度条件下的持水速率，可以分析出低强度降雨的林地凋落物的持水性能比高强度降雨持水性能要好。

本章小结

通过对磨盘山典型森林植被云南松林于 2015 年生长季（6—8 月）林外降雨，穿透雨以及树干径流的观测，研究期间，到达云南松林样地内的穿透雨总量为 451.55mm，占同期林外降雨量的 90.78%，与其他研究区的其他松树林结果相比，如时忠杰（2005&2009）等对六盘山香水河小流域的华山松的降雨再分配研究得出穿透雨率平均达到 84.34% 左右，与本研究中的云南松林分相比要小。因此，降雨特征、树种类型及林分类型的差异，会导致穿透雨率的差异。云南松的平均穿透雨率变异系数为 3.37%，在研究期间林分的穿透雨率变化幅度不是很大。穿透雨率表现为随着降雨量的增加而增大，呈极显著的正相关性（$P < 0.01$），林内降雨量 < 20 mm 时，穿透雨率随降雨量的增加而增大，但在降雨量 ≥ 50mm 之后，增加趋势逐渐变缓并最后稳定在 95% 左右。

研究期间，云南松林树干径流总量为 0.3mm，占总降雨量的 0.068%，树干径流率的变异系数为 24.11%；可知，在研究期间林分的径流率变化幅度不大。随着降雨量的增加，树干径流量均呈增大的趋势。当降雨量 < 30mm 时，树干径流率随降雨量的增加而急剧增大，当降雨量 > 30mm 时，树干径流率增大的趋势变缓，趋于稳定，稳定在 0.05% 左右。本地区的云南松林林分产生树干径流的降雨临界值为 6.07mm。虽然树干径流量只占总降雨量的很小一部分，但对降雨的再分配起非常显著的作用，它能够增加林基水分，同时也能增加林分的养分。因此，研究树干径流量对了解林分对降雨再分配作用具有重要意义，不应忽略。本研究中云南松林的树干径流率与大多研究的树干径流率范围一致（张一平等，2003），与本地区同一降雨时期其他林分相比（针阔混交林 0.97mm、常绿阔叶林 0.35mm、高山栎林 0.98mm、滇油杉林 0.50mm），树干径流量较低。这是由于云南松针叶很短，紧附于小枝上，针叶截获的水分大都直接顺枝条向下流，但由于枝干表面粗糙松软，枝条与主干分枝角度较大，直接流入主干的水分较少，再加上树皮的吸收，所以其干流率很低，产生干流的临界降雨量较大。

林冠截留在森林生态系统水文循环和水量平衡中占有极其重要的地位（Jetten，1996），受降雨特征、树种组成、林冠特征、雨前林冠的湿润程度、风速、地形等多种因素的影响(崔启武等, 1980)。本章着重对林分的空间结构中的分形维数、大小比数、角尺度及非空间结构中的平均胸径和平均树高对林冠截留的影响,确定各因子对林冠截留率的影响的重要性,对其进行排序,对磨盘山云南松林冠截留影响程度由大到小的因子依次为:分形维数 > 角尺度 > 降雨量 > 大小比数 > 树高 > 胸径 > 密度。可以看出分形维数、角尺度、降雨量是对该区森林植被林冠截留影响最显著的三个因子,以密度和胸径因子的影响程度较小,林分结构中的空间结构对降雨再分配的影响较非空间结构的影响更为明显。

另外,在本研究所涉及的林冠截留量影响因素中,影响最小的是密度与林分的林冠截留率的灰色关联度也都超过 0.5,说明这些因素均会对林冠截留量产生一定影响,不应被忽略。本文分析了影响林冠截留量的降雨量、分形维数、大小比数、角尺度等 4 种因素,但实际其影响因子还应有很多,如降雨强度、气温、风速、空气相对湿度等因素,这在以后的研究中需要进一步完善。针对林冠对降雨再分配作用影响因子的深入研究,结果表明林分结构中的空间结构对大气降雨的林冠截留比非空间结构的关联度更高。因此,以云南松为例,在以后对水土流失严重的荒山进行人工林栽培时,要着重考虑林分结构中的空间结构布置。

3 种密度云南松林分类型下凋落物现存量为 7.8 ~ 22.4t/hm²,不同林分类型下凋落物层的蓄积存在着很大差异,凋落物的持水能力多用干物质的最大持水量和最大持水率表示,不同林分凋落物的最大持水率变动范围在150% ~ 250%之间。凋落物的持水速率与持水能力是紧密联系的,林地凋落物的吸水速率快能将林内降水迅速涵蓄起来,从而减少地表径流的发生。在前 2 h 内,吸水速率最快的是 3 号云南松林(149.65g/h),其次为 2 号林(80.65g/h),最小的为 1 号林(75.86g/h)。不同林分凋落物有效拦蓄量分析:3 号林(28.12 t/hm²) > 2 号林(22.29 t/hm²) > 1 号林(13.63 t/hm²)。

在人工模拟降雨条件下,凋落物的持水过程在 10mm/h 降雨强度下,凋落物拦蓄地表径流的功能在降雨开始时较强,此后随着凋落物持水量的增加,吸持能力逐渐降低,在 10min 内,3 号林凋落物的持水能力最大,为 115.13mm/h。在 50mm/h 降雨强度下,凋落物的吸持水量在实验开始的 10min 内迅速增加,以后随着时间的延长有不断增加的趋势,但增加的速率放慢。在实验进行 20min 以后,云南松林凋落物的吸持水量有减少的趋势。在降雨强度为 10mm/h 的条件下,在林地凋落物持水作用最强的前 30 min 内。在降雨强度为 50mm/h 的条件下,在林地凋落物持水作用最强的前 30 min 内,低强度降雨的林地凋落物的截留量比高强度的降雨截留量要多。

第6章
华山松人工林的生态水文功能

6.1 试验设计与研究方法

本研究于 2016 年 5—9 月期间进行，依托云南玉溪森林生态系统国家定位观测研究站，以磨盘山的幼龄林（10 年以下）、中龄林（11～20 年）、成熟林（31～40 年）3 个不同生长阶段的华山松人工林为研究对象，基于森林对大气降雨的再分配原理，进行穿透雨、树干径流、林冠截留、坡面尺度上的地表径流不同层次的定位观测，结合大气降雨量和降雨强度的观测，对不同林龄华山松林的大气降雨再分配进行研究，用以揭示不同林龄对大气降雨再分配的作用机制及降雨特征对穿透雨、树干径流、林冠截留、地表径流的作用，定量评价华山松林对大气降雨再分配的作用。具体内容包括：

(1) 观测 2016 年 5—9 月研究区域内的降雨特征，包括降雨量、降雨强度、降雨场次、降雨历时等指标，并对降雨的时间分布、雨量级、雨强、暴雨特征进行分析。

(2) 研究 3 种不同林龄（幼龄林、中龄林、成熟林）华山松林对林内穿透降雨、树干径流的影响机制，通过拟合回归方程分析不同林龄的华山松林内穿透降雨量间的差异，以及降雨量、降雨强度与林内穿透降雨的关系。探讨同一华山松林样地的不同监测样点间穿透降雨在空间分布上的变化规律，阐明 3 种不同林龄华山松林林内穿透雨、树干径流的特征。

(3) 研究 3 种不同林龄华山松林林分变化对地表径流的影响，主要研究林龄与地表径流的关系，以及降雨量、降雨强度与地表径流的关系，通过拟合方程分析林内开始形成坡面产流时的降雨量。其中地表径流的研究在坡面尺度上进行，包括坡面径流特征，用坡面总径流量、径流系数表示。分析降雨与坡面径流的拟合关系，以及降雨条件的变化对坡面径流变化的影响规律。

(4) 研究 3 种不同林龄华山松林对林冠截留的影响，以及降雨量、降雨强度与林冠截留量、林冠截留率的关系，分析林冠截留与单场次降雨的拟合关系。对华山松林内大气降雨再分配过程进行研究，采用通径分析、冗余分析的方法探讨不同影响因子对其作用规律，并通过林冠截留、林内穿透雨、地表产流三个不同空间结构，分析各个阶段所占比例以及随降雨特征的变化规律。

6.1.1 试验区标准地设置与外业调查

在研究区域内，距华山松样地外1000m处的空旷地建有综合标准观测气象场，其建设依据中国林业行业标准《森林生态系统长期定位观测方法（LY/T 1952-2011）》，气象场内实时监测降雨数据。

华山松林内建有标准径流场，其位置设在平整的坡面上。径流场的宽为5m，并与该地的等高线平行，水平投影长为20m，水平投影面积为100m²。径流场四周有采用石灰进行筑建的矮墙，矮墙下端为集流槽，其宽、深均为20cm。集流槽同样采用不渗水的石灰筑建而成，中间设有圆形过水孔，过水孔上有反滤层。降雨发生时，坡面产流在集流槽内聚集，并通过集流槽流入观测房内的量水池（1m×1m×1m）中，如图6-1所示。

图6-1 标准径流场

2016年3月对华山松林地内的主要优势种树木进行调查、确认，选择地理位置相近、生长良好、未经人为破坏的华山松林地，按照中华人民共和国国家标准《森林资源规划设计调查技术规程（GB/T26424-2010）》确定其林龄（表6-1）。选取幼龄林、中龄林、成熟林，建立20m×20m的永久性试验标准样地，样地四周用铁丝网进行保护。2016年4月在3种标准样地内采用LAI-2000冠层分析仪测定不同位置的叶面积指数，用以确定盛接林内穿透雨装置的位置，选取郁闭度适中的位置9处，在距离树干0.5m、距离地面高度1m（用以避免灌木、草本植物的影响作用）处布设直径为20cm、长1.5m的穿透降雨收集器，并在降雨发生前把收集器清理干净，避免枯落物对监测结果的影响。同时，在3种标准样地内分别选取7株标准木用以监测树干径流量。测定各标准木的树冠投影面积，并在距地面 1.3m 处起，用直径为 2 cm 的聚乙烯塑料管缠绕树干一圈，用玻璃胶固定，在适当的位置打孔，将树干径流导入塑料管下端连接的 2L 塑料桶内，塑料桶底部埋于土壤中起固定作用，完成树干径流量测定装置的布设。

表 6-1　华山松林龄的划分

树种	地区	起源	龄组划分					龄级划分
			幼龄林	中龄林	近熟林	成熟林	过熟林	
			1	2	3	4	5	
华山松	磨盘山	人工林	10 年以下	11 ~ 20 年	21 ~ 30 年	31 ~ 50 年	51 年以上	10 年

对选取的 3 种标准样地的立地条件、植被特征进行测定。对其所在位置的地理坐标、海拔、坡度、坡向、土壤类型进行调查，并在标准样地内对所有林木进行每木检尺，测量其胸径、树高、冠幅、冠层厚度。3 种样地的基本情况见表 6-2。

表 6-2　样地基本概况

森林类型	森林起源	龄组	海拔（m）	坡度（°）	坡向	平均树高（m）	平均胸径（cm）	密度（株/hm²）	土壤类型
华山松纯林	人工林	幼龄林	2150	12°	北偏东 3°	7.06	12.15	650	红壤
华山松纯林	人工林	中龄林	2128	11°	南偏西 3°	10.86	14.86	625	红壤
华山松纯林	人工林	成熟林	2196	8°	南偏东 43°	20.06	27.36	450	红壤

注：①华山松林下灌木很少，忽略不计；②乔木的起测胸径为 5cm。

6.1.2　野外定位监测

（1）大气降雨的监测：通过综合标准观测气象场（图 6-2）对降雨量和降雨过程进行监测，数据的采集频率为 1 次/10s。在华山松标准样地外的空旷地上布设 1 个标准雨量筒。降雨发生后，无雨时间间隔超过 4h（Li et al.，2004）时进行测量，并与 1000m 外的综合标准观测气象场内测定的降雨量进行对比，结果显示无显著性差异。2016 年 5—9 月记录每场降雨的降雨量、降雨历时及降雨强度。降雨强度的等级划分按照中华人民共和国国家标准《降雨量等级（GB/T 28592 – 2012）》进行划分（表 6-3）。

图 6-2　综合标准观测气象场

表6-3 降雨强度等级划分

0.1~9.9mm/d	10.0~24.9mm/d	25.0~49.9mm/d	50.0~99.9mm/d
小雨	中雨	大雨	暴雨

(2)穿透降雨的监测：每场降雨后及时测定3种标准样地内的穿透雨量。采用标准雨量杯进行测定，计算同一标准样地内9个穿透降雨的算术平均值，作为该样地的穿透雨量。

(3)树干径流的监测：每场降雨后通过标准雨量杯测定雨量，计算同一标准样地内7个树干径流量的算术平均值，根据林地的林分密度，将测得的样木的茎流量换算成单位面积的流量(mm)作为该样地的树干径流量。

(4)地表径流量的监测：采用标准径流场测定，每场降雨后通过量取集水池内水面深度，计算3种林龄华山松林内的地表产流量。

6.1.3 数据处理与分析方法

(1)林冠截留量的计算依据水量平衡原理，为降雨量与穿透雨量和树干径流量之差，因此，林冠截留量的计算公式(王金叶等，2008)：

$$I = P - (T + S) \tag{6-1}$$

式中：I 为林冠截留量(mm)，P 为大气降雨量(mm)，T 为穿透雨量，S 为树干径流量。

(2)林冠截留率的计算公式：

$$I_0 = I/P \times 100\% \tag{6-2}$$

式中：I_0 为林冠截留率(%)，I 为林冠截留量(mm)，P 为大气降雨量(mm)。

(3)树干径流量的计算公式：

$$S = V/(A \times 1000) \tag{6-3}$$

式中：S 为树干径流量(mm)，V 为树干径流的收集量(ml)，A 为树冠的投影面积(m^2)，1000为单位转换系数。

(4)穿透率的计算公式：

$$TR = T/P \times 100\% \tag{6-4}$$

式中：TR 为穿透率(%)，T 为穿透雨量(mm)，P 为大气降雨量(mm)。

(5)大气降雨强度的计算公式：

$$P_0 = P/t \tag{6-5}$$

式中：P_0 为降雨强度(mm/h)，P 为大气降雨量(mm)，t 为降雨历时(h)。

(6)地表产流强度的计算公式：

$$H = 10R/tS \tag{6-6}$$

式中：H 为地表产流强度（mm/h），R 为 t 时间内产生的径流量（ml），S 为坡面承雨面积（cm^2），t 为降雨历时（h）。

（7）径流系数的计算公式：

$$\alpha = R/P \times 100\% \qquad\qquad (6-7)$$

式中：α 为径流系数（%），R 为径流量（mm），P 为大气降雨量（mm）。

对 2016 年 5—9 月期间产生的次降雨数据、穿透降雨、树干径流、地表径流、林冠截留的多项指标进行分析，采用 Excel 2010 进行基础数据输入及绘图，利用 SPSS 17.0 分析软件进行数据的显著性、相关性、通径分析，利用软件 Canoco5.0 进行数据的排序分析。排序用以分析不同环境因素中各影响因子对大气降雨再分配的影响。在排序的过程中，因排序对象多样化，其中环境变量中既有降雨特征，又有林分特征，软件 Canoco5.0 预先对各数据进行相关性分析，并将与林冠截留、产流量的相关性较小的环境因子剔除。在排序过程中，对于多个响应变量、多个解释变量需要分析的，可采用冗余分析（RDA）或典范对应分析（CCA）。对于排序方法的选择，软件 Canoco5.0 通过去趋势对应分析（DCA）来进行，分析结果中第一排序轴长度小于 3.0，且经过 Monte Carlo 置换检验时采用 RDA 排序。

6.2 研究期间的大气降雨特征

6.2.1 降雨时间分布

2016 年 5—9 月生长季期间对研究区域内大气降雨进行观测，共观测到大气降雨 74 场，总降雨量为 877.2mm，日平均降雨量为 5.7mm，降雨量的日最大值为 59.3mm，最小值为 0.1mm。

5—9 月降雨天数（>0.2mm/d）分别为 12、14、21、17、16d，降雨发生频率分别为 39%、47%、68%、55%、53%。各个月的降雨量分别为 159.3mm、189.6mm、190.0mm、217.0mm、121.3mm（图 6-3（a）），降雨集中在 6—8 月，其中 8 月的降雨量最大，占监测期间总降雨量的 24.74%，其次为 7、6、5 月，9 月的降雨量最少。5—9 月的平均日降雨量分别为 5.1、6.3、6.1、7.0、4.0mm/d，日最大降雨量分别为 32.6、59.3、41.3、34.5、28.9mm（图 6-3（b））。其中 7 月的降雨频率最高，但日平均降雨量最高的是 8 月，说明进入 8 月，该地区的降雨强度有所上升。6 月的总降雨量相对 7、8 月较少，但在 6 月 21 日发生暴雨极端天气现象，日最大降雨量达到 59.3mm，该场降雨占 6 月降雨总量的 31.3%，占整个生长季降雨量的 6.8%。

表 6-4 中为研究区域内 2016 年 5—9 月的大气降雨观测数据。从表 6-4 中可以看出，各个月份之间的降雨次数相差不大，分布均匀，7、8 月的相对较多，占总降雨次

数的 43.24%。相对较大的降雨量集中分布在6、7、8月，这3个月的降雨次数占总降雨次数的 60.81%，降雨量占到总降雨量的 68.01%。总体而言，5—9月的降雨次数分布较均匀，降雨量呈现出先增加后减少的趋势。

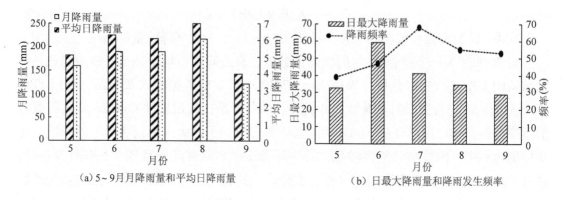

(a)5~9月月降雨量和平均日降雨量　　　　(b)日最大降雨量和降雨发生频率

图6-3　2016年不同月份间降雨特征

表6-4　大气降雨特征分布

月份	月降雨量（mm）	月降雨量占总量百分比（%）	降雨次数	降雨次数占总次数百分比（%）
5	159.3	18.16	15	20.27
6	189.6	21.61	13	17.57
7	190.0	21.66	16	21.62
8	217.0	24.74	16	21.62
9	121.3	13.83	14	18.92

6.2.2　降雨量分级和雨强分析

对5—9月发生的不同降雨量级降雨事件的频率进行 One-way ANOVA 分析，结果表明不同降雨量级之间，降雨所发生的频率值具有显著差异（$P < 0.05$）。如图6-4（a）所示，降雨量级为 0~4.9mm 的降雨，其发生频率最高，达到 37.8%，其次为 10.0~24.9mm、5.0~9.9mm 量级的降雨，分别达到 27.0%、18.9%，50.0~99.9mm 量级的降雨所占频率最少。随降雨量级的增大，降雨的发生频率大体上呈递减的趋势。总体而言，降雨量级 <25.0mm 的降雨发生频率占总降雨次数的绝大部分，其中0~9.9mm 量级的降雨发生频率所占比重较大，达到 56.7%，但占总降雨量的比率低，5—9月0~9.9mm 量级的降雨占总降雨量的比率分别为 28.3%、19.2%、14.9%、15.3% 和 37.2%。与此相反，降雨量级 >10.0mm 的降雨虽然发生频率的比率低于 0~9.9mm 量级的，为 43.7%，但却占总降雨量的绝大部分，5—9月的分别为 71.7%、80.8%、85.1%、84.7% 和 62.8%（图6-4（b））。5、9月降雨量级 <10mm 的

降雨发生频率及其所占比率最高，降雨量级＞10mm 的降雨发生频率及其所占比率最高发生在 8 月。因此，在各月份中，5、9 月降雨量级小的降雨占主要部分，而 8 月降雨量级大的降雨占主要部分。

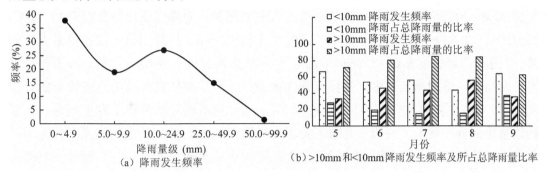

图6-4　不同降雨量级下降雨的发生情况

研究区域内 5—9 月生长季期间降雨强度的变化范围较大，最小降雨强度为 0.23mm/h，最大降雨强度为 8.78mm/h，平均每小时的降雨强度为 2.45mm/h。对不同月份间降雨强度进行分析，如表6-5 所示，从降雨强度的分级情况可以看出，5 月、7 月内降雨强度＜1.0mm/h 的降雨发生频率高，6 月、9 月的相对低，其中 6 月的最低，该月内没有降雨强度＜1.0mm/h 的降雨发生。降雨强度在 1.0～1.9mm/h 之间的降雨发生频率最高出现在 6 月；降雨强度在 2.0～2.9mm/h 的降雨发生频率最高在 9 月；降雨强度为 3.0～3.9mm/h 时，其发生频率在 5 月、6 月相对小，主要分布在 7、8、9 月且发生频率相近；降雨强度在 4.0～8.9mm/h 的降雨发生频率在各个月份中所占比例均少，说明在整个生长季有极强度降雨发生，但发生场次少，且集中在 7、8、9 月。

表6-5　不同降雨强度下发生降雨的频率及占总降雨量的比例

降雨强度	发生频率(%)					占总降雨量比例(%)				
(mm/h)	5 月	6 月	7 月	8 月	9 月	5 月	6 月	7 月	8 月	9 月
＜1.0	40	0	31.25	18.75	7.14	11.71	0	25.32	12.86	8.74
1.0～1.9	20	46.15	12.5	12.50	21.43	11.17	34.39	2	11.80	22.26
2.0～2.9	40	30.77	25	25	42.86	77.34	37.66	43.89	20.51	26.79
3.0～3.9	0	7.70	18.75	18.75	14.29	0	4.22	10.53	11.43	9.23
4.0～4.9	0	0	6.25	6.26	14.29	0	0	1	2.26	32.98
5.0～5.9	0	7.70	0	12.50	0	0	7.07	0	25.25	0
6.0～6.9	0	0	0	6.25	0	0	0	0	15.90	0
7.0～7.9	0	7.70	0	0	0	0	16.67	0	0	0
8.0～8.9	0	0	6.25	0	0	0	0	15.95	0	0

在各个月份中，降雨强度在 2.0~2.9mm/h 时的降雨量所占总降雨的百分比较大，在 5、6、7 月中表现为最大，8、9 月中降雨强度分别在 5.0~5.9mm/h、4.0~4.9mm/h 的降雨强度下所占比例最大。5、7、8、9 月降雨强度 <1.0mm/h 的降雨发生频率分别为 40%、31.25%、18.75% 和 7.14%，而其降雨量占总降雨量比例分别为 11.71%、25.32%、12.86% 和 8.74%，其中 7 月的发生频率较小，但降雨量所占比重最大，此外，7 月在降雨强度 8.0~8.9mm/h 时发生频率为 6.25%，说明 7 月发生降雨的特点是长时间的连绵阴雨天气多，并伴有强降雨发生。5 月则是只有降雨强度较小的降雨发生。8 月发生降雨的降雨强度都小于 6.9mm/h，且不同降雨分级下发生概率、占总降雨量比例分布均匀，说明 8 月除了无暴雨极端天气发生外，其他不同强度的降雨时有发生。总体而言，研究区域内降雨发生的主要形式为较小雨强、较高雨量，且降雨时间长，小雨强下的降雨量占总降雨量的比重大。

6.2.3 暴雨特征分析

研究区域内降雨强度相对高、雨量级大的暴雨也有发生。在 2016 年 6 月 21—22 日期间发生持续降雨，形成暴雨天气，日降雨量达到 59.3mm，使得磨盘山国家森林公园内地势陡峭的部分区域发生滑坡灾害，出现堵塞道路现象。

如图 6-5 所示，该场暴雨发生过程中出现短时强降雨较多，长时间连续性低强度降雨少的现象。分析得出，该场降雨属跳跃型，在 2:00—6:00、10:00—16:00 时间段内出现两次峰值，最大降雨量分别达到 6.2mm、8.9mm。由此可见，此次暴雨事件以短时强降雨为主，时段出现在第二天的夜间和中午。发生在研究区域雨季内的短时强降雨危害较大，易造成滑坡、落石等灾害，需对陡坡区域加以保护。

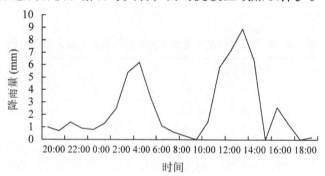

图 6-5 暴雨降雨过程

6.3 华山松林林内穿透降雨特征

6.3.1 降雨量对穿透降雨的影响

在观测期间，不同林龄的华山松林内穿透降雨量有明显差异，其中幼龄林的穿透雨总量为663.1mm，中龄林的为646mm，成熟林的为621.9mm，分别占同期林外降雨量的75.59%、73.64%、70.90%。由此可见，成熟林内穿透降雨量最少，其次为中龄林、幼龄林，产生这种现象的原因是幼龄林、中龄林仍处于生长发育阶段，郁闭度不大，林冠截留作用相对小，而成熟林得到很好地发展，郁闭度高，对降雨的有效截留量大，使得穿透雨量减少。

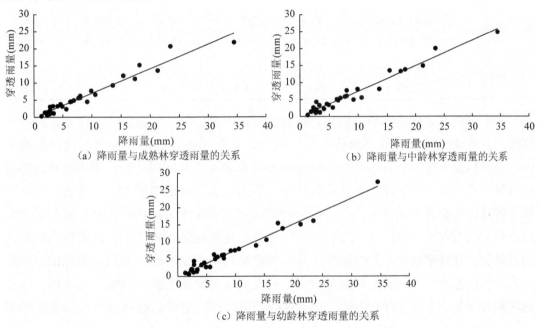

(a) 降雨量与成熟林穿透雨量的关系 　　(b) 降雨量与中龄林穿透雨量的关系

(c) 降雨量与幼龄林穿透雨量的关系

图6-6 穿透雨量与降雨量的关系

选取降雨量在0~40mm之间的降雨进行分析，如图6-6所示，幼龄林内穿透降雨最大值为28.4mm，中龄林的为25.8mm，成熟林的为21.8mm，相对应的林外降雨量为34.5mm；幼龄林的穿透降雨量最小值为0.3mm，中龄林内为0.4mm，成熟林的为1.0mm，对应的林外降雨量为1.3mm。在相同降雨量条件下，穿透降雨量大小表现为幼龄林>中龄林>成熟林。穿透降雨与林外大气降雨量有密切关系，由图6-6可知，随着降雨量的增加，3种不同林龄的华山松林内穿透降雨量均呈明显的增加趋势，并且呈现出线性增长趋势。成熟林的穿透降雨与林外大气降雨量间的回归方程为：$T = 0.7148P - 0.1779$，其中$R^2 = 0.9483$，式中 T 为穿透雨量，P 为降雨量。由回归方程计算得出，当降雨量达到 0.3mm 时，成熟林内便有穿透降雨开始形成。中龄林、幼龄林的穿透降雨与林外大气降雨量间的回归方程分别为：$T = 0.7475P - 0.0428$，其中 $R^2 = 0.959$；$T = 0.7571P - 0.0366$，其中 $R^2 = 0.9703$，式中 T 为穿透雨量，P 为降雨量。经计算得出，降雨量极小时，幼龄林、中龄林内便有穿透降雨产生，表明其林内郁闭度小，部分降雨可以不接触林冠层直接到达地面，使得只要有降雨发生就有林内穿透雨形成。

表 6-6 3 种不同林龄华山松的穿透降雨概况

林分生长阶段	项目	月份				
		5 月	6 月	7 月	8 月	9 月
幼龄林	降雨量(mm)	159.3	189.6	190	217	121.3
	穿透雨量(mm)	122.4	147.4	139.7	161.9	91.8
	穿透率(%)	76.84	77.74	73.53	74.61	75.68
中龄林	穿透雨量(mm)	120.6	145.3	138.6	156.7	84.9
	穿透率(%)	75.71	76.64	72.95	72.21	69.99
成熟林	穿透雨量(mm)	116.5	141.5	135.6	148.7	79.6
	穿透率(%)	73.13	74.63	71.37	68.53	65.62

处于不同林龄阶段的华山松林，其冠层结构不同，并且差异很大。因此，对林内穿透雨量的研究根据不同林龄阶段进行划分，有利于揭示林龄对穿透雨量的影响规律。通过数据分析，从表 6-6 可以看出 5—9 月磨盘山 3 种不同林龄的华山松林内林冠层对穿透降雨的影响规律，不同月份间均表现为随着降雨量的增加，穿透雨量也在增加。各月份间穿透率差异不大，均在 65.62% ~ 77.74% 之间，其中 3 种不同林龄的穿透率最大出现在 5、6 月，最小出现在 7、9 月。在相同降雨条件下，成熟林内的穿透雨量最少，穿透率最小，使这 5 个月内的总穿透雨量少于幼龄林和中龄林的。总体而言，华山松林在不同的生长发育阶段，其林冠层对穿透雨量的影响作用不同，使得林内穿透雨量、穿透率存在差异。产生这些差异的原因是华山松林内部的林分结构不同，不同生长发育阶段林冠层的郁闭度、叶面积指数等因素都会发生变化，幼龄林处于生长发育快速期，但冠幅、冠层厚度有待增加；中龄林具有一定的郁闭度，能够有效发挥林冠截留作用；成熟林的林冠层郁闭度进一步增加，达到稳定状态，对大气降雨的再分配过程也相对稳定。

在同一华山松林样地的不同监测样点，其穿透降雨在空间分布上具有差异性，造成差异的原因与林冠层的空间分布特征、降雨特征有关。该研究中，以成熟林为例，如图 6-7 所示，不同位置的监测样点之间穿透雨量的变异系数与降雨量存在一定的关系。图 6-7 中穿透雨量与降雨量的变异系数之间拟合方程为：$Y = 39.989P^{-0.639}$，其中 $R^2 = 0.895$，式中 Y 为穿透雨量的变异系数，P 为降雨量。当大气降雨量较低时，同一样地内不同测定点间穿透降雨率的变化范围较大，当降雨量较高时，这种变化相对

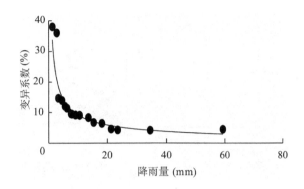

图 6-7　不同监测点的穿透雨量随降雨量的变化

减小，即在一定范围内，该系数随着降雨量的增加而下降。当降雨量仅为 1.3mm 时，不同监测样点的平均穿透率为 39.39%，标准差为 1.25，变异系数为 38%；当降雨量达到 9.2mm 时，平均穿透率为 70.65%，变异系数为 9.19%。这与前人对于同一林地内不同监测样点的穿透降雨变异系数的研究结果（徐丽宏等，2010；Valente F et al.，1997）大致相同。

6.3.2　雨强对穿透降雨的影响

不同林龄华山松林内的穿透降雨与降雨强度也有密切关系。由图 6-8 可以看出，在一定范围内，随着降雨强度的增加，3 种不同林龄的华山松林地内穿透降雨量虽有差异，但均表现出上升趋势，并且达到一定值后，其上升不明显。由图 6-8 可知，成熟林、中龄林、幼龄林内穿透雨量与降雨强度均可拟合成对数函数形式，其方程分别为：$T = 7.3891\ln P_0 + 7.2838$，其中 $R^2 = 0.6298$；$T = 7.5241\ln P_0 + 7.5657$，其中 $R^2 = 0.636$；$T = 7.6614\ln P_0 + 7.753$，其中 $R^2 = 0.6432$，式中，T 表示穿透雨量，P_0 表示降雨强度。降雨强度在 0 ~ 4mm/h 之间时，3 种不同林龄的华山松林地内穿透降雨量的变化幅度较大，降雨强度在 4 ~ 20mm/h 之间时，其变化幅度减小，说明 0 ~ 4mm/h 的降雨强度下穿透雨量受降雨强度以外的其他影响因子作用较大，导致穿透雨量浮动范围变大，4 ~ 20mm/h 的降雨强度下穿透雨量受降雨强度的影响相比之前增大。

降雨强度对不同林龄的华山松林内穿透雨量、穿透率均有影响。如表 6-7 所示，不同林龄阶段的华山松林内穿透雨量、穿透率均随着雨量级的变化而变化。当雨量级相对较小（雨量级 < 5mm/d）时，幼龄林、中龄林、成熟林的穿透雨量分别为 2.3、2.1、1.9，穿透率分别为 75.25%、68.13%、59.83%，表现为成熟林的穿透降雨量、穿透率最小，其次为中龄林、幼龄林。随着雨量级的增加，3 种不同林龄的林地内穿透雨量、穿透率也在增加，不同的是增加的幅度存在差异。3 种不同林龄的华山松林在不同雨量级下的穿透降雨量均差异显著（$p < 0.05$），并且在 > 20mm/d 雨量级下不同林龄林地内的穿透雨量都表现为最大。幼龄林的平均穿透率最大发生在雨量级为 5 ~

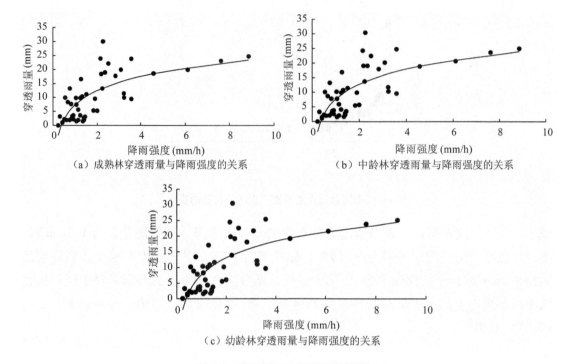

（a）成熟林穿透雨量与降雨强度的关系　　　（b）中龄林穿透雨量与降雨强度的关系

（c）幼龄林穿透雨量与降雨强度的关系

图 6-8　穿透雨量与降雨强度的关系

10mm/d 下，因此，幼龄林在不同雨量级下的穿透率特点是浮动范围小，在 75.02% ~ 76.58% 之间，最大值出现在雨量级为 5 ~ 10mm/d 下；中龄林的平均穿透率最大发生在雨量级为 >20mm/d 下，穿透率浮动范围较幼龄林的大，在 68.13% ~ 73.73% 之间；成熟林的平均穿透率最大发生在雨量级为 >20mm/d 下，穿透率浮动范围最大，在 59.83% ~ 72.21% 之间。

表 6-7　幼龄林、中龄林、成熟林在不同雨量级下穿透雨概况

林分生长阶段	雨量级（mm/d）	平均穿透雨量（mm）	平均穿透率（%）
幼龄林	<5	2.3	75.25
	5 ~ 10	5.7	76.58
	10 ~ 20	10.2	75.69
	>20	23.9	75.02
中龄林	<5	2.1	68.13
	5 ~ 10	5.5	73.58
	10 ~ 20	10.0	73.70
	>20	23.5	73.73
成熟林	<5	1.9	59.83
	5 ~ 10	5.1	68.89
	10 ~ 20	9.6	71.12
	>20	23.1	72.21

在表 6-7 中，雨量级为 < 5 mm/d 时，幼龄林、中龄林和近熟林的穿透率分别为 75.25%、68.13% 和 59.83%，其穿透率差异较大，幼龄林的穿透率相对大于成熟林、中龄林，而当雨量级为 > 20mm/d 时，幼龄林、中龄林、近熟林的穿透率分别为 75.02%、73.73% 和 72.21%，其差异减小。由此可见，雨量级为 > 20mm/d 时，幼龄林内穿透雨与成熟林、中龄林的有差异，但差异不大，雨量级为 < 5mm/d 时，成熟林的林冠截留作用使得林内穿透雨量明显减少。

处于不同林龄阶段的华山松林，其冠层结构不同，存在很大差异。因此，对林内穿透雨量的研究根据不同林龄阶段进行划分，有利于揭示林龄对穿透雨量的影响规律。在磨盘山国家森林公园内，通过对 3 种不同林龄华山松林林内降雨的研究，得出幼龄林、中龄林、成熟林林地内平均穿透雨量分别占总降雨量的 75.68%、73.50%、70.66%，并且穿透雨量随着降雨量增大而呈线性增长，这一结果与周彬等（2013）的研究结果一致，中龄林所占比例与李奕等（2014）研究的大兴安岭地区樟子松的穿透降雨量占总降雨量的 73.58% 相近。产生这种现象的原因可能是虽然研究地的林分密度不相同，研究对象也具有差异，樟子松与华山松的冠层形状也不相同，对大气降雨的截留作用也会产生差异。此外，不同分布区域的降雨量、降雨强度有所不同，但是以上不同影响因素共同作用才使得研究产生相似的结果。本研究发现，在研究区域内当降雨量达到 0.3 mm 时，成熟林内有效穿透雨产生。这与胡珊珊等（2010）对华北石质山区油松的研究结果相比，数值较小，主要原因是不同区域气候不同，树种具有差异性，且林下灌木分布情况不同。

根据 2016 年 5—9 月 3 种不同林龄华山松林内穿透降雨的数据进行分析得出，各个月份的穿透降雨大体上都出现随着降雨量增加而增加的趋势。当发生的降雨事件中降雨量较小时，同一样地内不同测定点间穿透降雨率的变化范围较大，当降雨量增大时，这种变化相对下降，这与时忠杰等（2009）对六盘山华山松林的研究变化规律一致，但变异系数的大小有所不同。在相同降雨条件下，成熟林内的穿透雨量最少，穿透率最小，使得这 5 个月内的总穿透雨量小于幼龄林和成熟林的，这与谢刚等（2013）对不同林龄香椿林内穿透降雨的研究结果相同。总体而言，华山松林在不同的生长发育阶段，其林冠层对穿透雨量的影响作用不同，使得不同生长发育阶段下穿透雨量存在差异。不同林龄华山松林内部的林分结构不同，不同生长发育阶段其林冠层的郁闭度、叶面积指数等指标都会发生变化。此外，幼龄林的穿透率相对大于成熟林、中龄林，与谢刚等（2013）的研究结果相同。

6.4　华山松林树干径流特征

树干径流指的是大气降雨经林冠截留作用后，沿叶片和树枝通过树干流向地面的降雨。树干径流量在大气降雨再分配过程中所占比率小，但其在森林生态系统中的作用不容忽视。

6.4.1　降雨量对树干径流的影响

通过对研究区域内降雨量与不同林龄条件下华山松林树干径流量的关系进行分析，如表6-8所示，S 表示树干径流量，P 表示降雨量，对其关系进行拟合，选取相关系数相对高的3个相关方程。

表6-8　幼龄林、中龄林、成熟林树干径流与降雨量的关系

林分生长阶段	相关方程	相关系数	P值范围（mm）
	$S = 3 \times 10^{-6} P^2 + 0.00015 P - 0.0008$	$R^2 = 0.9755$	
幼龄林	$S = 0.0007 P - 0.0016$	$R^2 = 0.9687$	4.9 ~ 59.3
	$S = 0.0068 \ln P - 0.0073$	$R^2 = 0.6985$	
	$S = 4 \times 10^{-6} P^2 + 0.00015 P - 0.0009$	$R^2 = 0.9736$	
中龄林	$S = 0.0007 P - 0.0018$	$R^2 = 0.9644$	5.3 ~ 59.3
	$S = 0.0067 \ln P - 0.0073$	$R^2 = 0.6818$	
	$S = 4 \times 10^{-6} P^2 + 0.00015 P - 0.001$	$R^2 = 0.9648$	
成熟林	$S = 0.0007 P - 0.0017$	$R^2 = 0.9580$	5.8 ~ 59.3
	$S = 0.0072 \ln P - 0.0078$	$R^2 = 0.6956$	

方程中显示不同林龄阶段的华山松林树干径流量与降雨量都具有极显著相关关系（$p < 0.01$），且表现出随着降雨量增大，树干径流量也不同程度增大。拟合关系为二次多项式的方程在各林龄阶段的相关系数均最高，其次为线性关系、对数关系方程。在二次多项式的方程中，幼龄林在降雨量达到4.9mm时开始产生树干径流，中龄林在降雨量达到5.3mm时开始产生树干径流，成熟林产生树干径流所需的降雨量最大，为5.8mm。这一结果与戴岳等的研究结果相比，降雨量值偏大，这与研究区气候特征、树种类型有关。5—9月属于研究区域的雨季，空气湿度较大，树干表面湿润，当降雨发生时，树干吸收少量水分便达到饱和状态，但研究的树种不同，达到饱和状态所吸收的降雨量不同，从而使得开始产生树干径流时的降雨量不同。

6.4.2　雨强对树干径流的影响

3种林龄条件下树干径流量随降雨强度的动态变化关系见表6-9，平均树干径流量随降雨强度的增加大体上呈增加的趋势，且在降雨强度相同的情况下树干径流量的大小顺序为幼龄林 > 中龄林 > 成熟林，这与林地内不同林龄树木叶的数量、大小、排列方式等特征有关。

表6-9 3种不同林龄华山松的树干径流与降雨强度的关系

降雨强度（mm/h）	平均树干径流量（mm）		
	幼龄林	中龄林	成熟林
<1	0.0031	0.0026	0.0026
1.0~1.9	0.0049	0.0048	0.0042
2.0~2.9	0.0097	0.0083	0.0083
3.0~5.9	0.0073	0.0067	0.0066
6.0~8.9	0.0195	0.0185	0.0184

不同降雨强度下，幼龄林与中龄林、成熟林的树干径流量差异显著（$P<0.05$），而不同降雨强度下中龄林和成熟林的树干径流量差异不显著，主要原因是树干径流量占总降雨量的比例很小，中龄林虽然没有成熟林发展良好，但也得到了一定程度的发展，能够有效发挥林冠截留作用，从而使得中龄林和成熟林的树干径流量差异不大。

华山松林的树干径流量与降雨量极显著相关（$p<0.01$），且呈正相关关系，树干径流量还随降雨强度的增加而增加，在降雨强度相同的情况下，树干径流量表现为幼龄林＞中龄林＞成熟林，这与陈书军等的研究规律一致。此外，华山松幼龄林、中龄林、成熟林分别在降雨量达到4.9mm、5.3mm、5.8mm时开始产生树干径流，这与马尾松林在降雨量达到7mm时才会产生树干径流（郑绍伟等，2010）的结果相比，其降雨量值较小。

6.5 华山松林地表径流特征

不同林龄的华山松林的林分组成、内部结构不尽相同，如林冠层的叶面积指数、郁闭度、枯落物厚度都有差异。在对地表径流的影响过程中，不同林龄的林地就表现出不同的变化规律。因此，对华山松幼龄林、中龄林、成熟林的地表径流特征、与降雨之间的关系进行分析、比较，可以探索它们之间的变化规律。

6.5.1 降雨量对地表径流的影响

在林地内，坡面径流主要包括地表径流、壤中流，而坡面产生的地表径流是研究坡面水量平衡的重要组成部分。在该研究中，就2016年5—9月的不同林龄华山松林内产生的地表径流量进行分析，发现幼龄林内的地表径流量最大，其次为中龄林、成熟林，其地表径流量分别为11.0mm、8.6mm、7.6mm。径流量体现的是植被对降雨的分配过程。通过对华山松各林地内降雨量、径流量的统计分析，径流量与降雨量的关系可表示为：$R=0.0967\ln P-0.2206$，$R^2=0.7878$。式中，R表示径流量，P表示降雨量。经计算得出，当降雨量达到9.8mm时，林内开始有坡面径流形成。如表6-10

所示，在同一样地内，随着降雨量的增加，径流量、径流系数也在增加。华山松林在不同林龄条件下的径流量和径流系数均有差异，各个月份的径流量、径流系数的先后顺序均表现为幼龄林、中林龄＞成熟林，产生这种结果的原因是成熟林枝叶繁茂、林内凋落物层相对较厚，更有利于对降雨进行截留，相比之下幼龄林、中龄林则不能很好地发挥乔木层对降水的分配作用。3 种不同林龄林地的地理位置相近，每个样地的降雨量是相同的，并且土壤的理化性质基本相同。因此，由于地理位置不同而产生的降雨量、土壤理化性质的差异很小，不予以考虑。降雨月份不同，各样地内的坡面径流量也具有差异性。表 6-10 中显示，8 月的降雨量最大，其径流量也大于其它月份，9 月的降雨量、径流量最小。2016 年 5 月前研究区域内降雨量少，华山松林内凋落物干燥，而 9 月的降雨量相对 6—8 月减少，都不易于产流的形成，因此 6—8 月是防止华山松林水土流失的关键月份。

表6-10　3 种林龄华山松林坡面径流统计分析

变化因子	降雨量 (mm)	径流量（mm）			径流系数（%）		
		幼龄林	中龄林	成熟林	幼龄林	中龄林	成熟林
5 月	159.3	2.0	1.7	1.4	1.26	1.07	0.88
6 月	189.6	2.0	1.7	1.4	1.05	0.90	0.74
7 月	190.0	2.5	1.8	1.7	1.32	0.95	0.89
8 月	217.0	2.9	2.1	1.9	1.34	0.97	0.88
9 月	121.3	1.6	1.3	1.2	1.32	1.07	0.99

通过选取研究区域内具有代表性的 12 场降雨进行统计分析，结果如图 6-9 所示，降雨量与径流量的关系为随着降雨量增大，径流量也不同程度增大。12 场降雨下幼龄林、中龄林内产生的径流量最大，成熟林内产生的径流量最小。因此，成熟林在保持水分上效果最好。

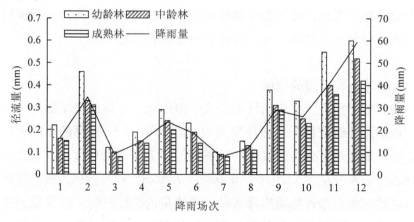

图6-9　不同林龄华山松林坡面径流量与降雨量关系图

前期降雨主要通过前期土壤含水量影响径流的产生。图 6-9 中第 2、11 场降雨的降雨量相差不大，第 11 场降雨下样地内产生的径流量相对大于第 2 场的，其原因是第 11 场降雨的前一天研究区域内均有降雨发生，但降雨量小，没有产流形成，短时间内再次降雨使得林地土壤很快达到土壤饱和含水率，导致径流量增大。

6.5.2　雨强对地表径流的影响

坡面产流的形式主要有蓄满产流、超渗产流。而超渗产流是指在短时间内有高强度降雨发生，使得降雨量超过土壤的入渗量从而产生地表径流。降雨主要通过降雨特征值，如降雨量、降雨强度等，对径流量产生影响。因此，除了上面提到的降雨量对径流量产生影响外，降雨强度也在不同程度上对坡面产流的形成产生影响。

就研究区域内发生的降雨量相近、降雨强度相差较大的 14 场降雨进行分析对比，如图 6-10 所示，以第 7 场降雨与第 8 场降雨为例，其降雨量分别为 13.4mm、13.6mm，降雨量相差不大，但第 7 场降雨产生的坡面径流量为 0.14mm，第 8 场降雨产生的坡面径流量为 0.1mm，主要原因是这两场降雨的历时差异大，降雨强度不同，后者降雨强度仅有 0.55mm/h，前者降雨强度达到 5.15mm/h，致使在短时间内径流小区中出现超渗产流现象。如图 6-10 所示，当降雨量 <10.6mm 时，各组降雨量相近、降雨强度差异较大的降雨事件中，产生的径流量差异不显著($P<0.05$)，当降雨量 >10.6mm 时，各组产生的径流量差异显著($P<0.05$)。因此，在降雨量 <10.6mm 时，降雨强度在一定范围内的增加对研究区域内华山松林内径流量影响较小；在降雨量 >10.6mm，且 <35mm 时，降雨强度的增加对径流量的增加作用明显。

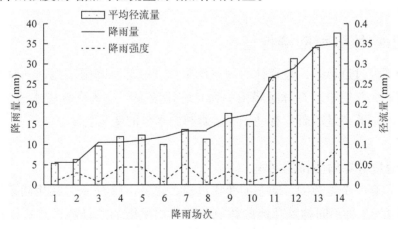

图 6-10　不同林龄华山松林坡面径流量与降雨量关系图

由前面的分析可以看出，在相同降雨条件下进入幼龄林的穿透降雨量最大。在坡度相近的坡面内，幼龄林产生的地表径流量也相对大于中龄林、成熟林内的。表 6-11 中对不同降雨强度下不同林龄林地的地表产流强度进行分析，在同一降雨强度下不同林龄林地的地表产流强度不同，差异显著($P < 0.05$)，幼龄林的产流量明显高于成熟林、中龄林，且3种不同林龄林地内坡面产流量均随降雨强度的增加而增加。降雨强度的不断增大也使得幼龄林、中龄林、成熟林的产流强度差异增大，在降雨强度小于1mm/h时，3种不同林地内坡面产流强度差异相对小，当降雨强度为6.0～8.9mm/h时，其差异最大，幼龄林内坡面产流强度高出成熟林28.51%。因此，降雨强度的变化既影响地表产流强度又对不同林龄林地间产流差异的大小产生作用。

表6-11　3种不同林龄华山松林的地表产流概况

降雨强度（mm/h）	平均地表产流强度（mm/h）		
	幼龄林	中龄林	成熟林
<1	0.0087	0.0064	0.0049
1.0～1.9	0.0173	0.0139	0.0112
2.0～2.9	0.0295	0.0233	0.0203
3.0～5.9	0.0557	0.0449	0.0413
6.0～8.9	0.0912	0.0701	0.0652

产流现象是在降雨、土壤、植被等多种因子共同作用下产生的。研究区域内2016年5月4日发生降雨现象，降雨量达到9.6mm，降雨强度为2.73mm/h，降雨量、降雨强度较大，但实际上径流小区内没有坡面产流形成。其主要原因是在降雨初期，该地区的土壤含水量低，雨水通过入渗进入土壤，但未达到土壤的饱和含水量，同时该时间段内林内仍有蒸发散作用存在，因此没有地表径流形成。

6.6　华山松林降雨截持特征

大气降雨经过森林时，被森林的林冠层阻挡，一部分降雨不能进入森林内部，而是经蒸发回到大气层中。森林对降雨的截持作用改变了进入森林中水分的循环过程。因此，对于林冠截持量的研究有助于了解森林内水分的变化规律。

6.6.1　降雨量对降雨截持的影响

林冠截留是一个复杂的、动态的变化过程。如表6-12所示，在相同条件下，随着降雨量的增大，3种不同林龄林地的林冠截留量均呈增加的趋势，并且林冠截留量大小顺序表现为成熟林＞中龄林＞幼龄林，即成熟林的林冠截留作用最强。表6-12中成熟林的林冠截留率最大，3种不同林龄林地的林冠截留率都分布在22.25%～34.37%之间，这与国内研究的林冠截留率通常在11.4%～36.5%之间（刘世荣，1996；范世香等，2007）的研究结果基本一致。由表6-12可知，林冠截留率随降雨量的增加而下降，在同一样地的不同月份间，林冠截留率的变化幅度较大。

表 6-12　3 种林龄华山松林林冠截留统计分析

变化因子	降雨量（mm）	林冠截留量（mm）			平均林冠截留率（%）		
		幼龄林	中龄林	成熟林	幼龄林	中龄林	成熟林
5 月	159.3	36.9	38.7	42.8	25.40	27.79	31.49
6 月	189.6	42.2	44.3	48.1	24.33	27.07	28.61
7 月	190.0	50.3	51.4	54.4	24.27	23.35	26.90
8 月	217.0	55.1	60.0	68.3	22.25	23.18	25.36
9 月	121.3	29.5	36.4	41.7	26.45	30.00	34.37

　　在单场次降雨中，当降雨总量较小时，幼龄林与成熟林、中龄林内降雨截留量之间差异小，随着降雨量的增大，成熟林的林冠截留量、林冠截留率均增大，明显大于中龄林、幼龄林。当林冠截留量接近饱和状态时，林冠层对大气降雨的截留作用减弱，地表径流量增加，易造成水土流失现象。有研究表明，当林冠截留量达到饱和状态时，不再随着降雨量的增大而增大（段旭等，2010），并且在林冠截留过程中，饱和林冠截留量受到多种因子的共同作用，如林分、降雨特征等。孙向阳等（2011）通过对高山演替林林冠截留的研究发现，随着降雨量的增大，后期林冠截留量仍会增长，但增长速度缓慢。

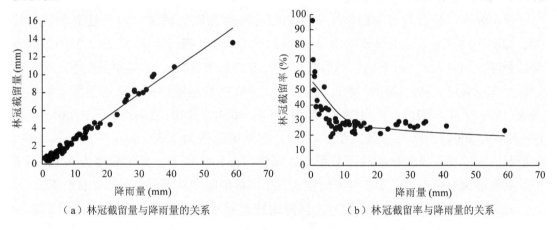

（a）林冠截留量与降雨量的关系　　　　　（b）林冠截留率与降雨量的关系

图 6-11　华山松成熟林林冠截留与降雨量关系图

　　林冠截留量、林冠截留率还与单场次的降雨量相关，并且降雨量越大，其林冠截留量越高（盛雪娇等，2010）。通过对成熟林林冠截留与单场次降雨关系拟合分析，如图 6-11（a）中结果显示，图中函数拟合效果最佳（$R^2 = 0.9798$），在一定降雨范围内，林冠截留量随降雨量增加而增加。综合华山松成熟林林地内穿透雨量的分析，得出林冠截留量与降雨量的关系方程：

$$I = \begin{cases} P & (0 < P \leqslant 0.3) \\ 0.2546P + 0.1302 & (0.3 < P \leqslant 59.3) \end{cases} \tag{6-8}$$

式中：I为林冠截留量，P为降雨量。

当降雨量≤0.3mm时，降雨基本全部被林冠截留作用所截持。观测时段内单次最大降雨量为59.3mm。因此，0.3m < 降雨量 < 59.3mm时，林冠截留量随降雨量的增加呈直线关系增加。林冠截留过程作为一个动态变化过程，并不是一个恒定值，它会随着降雨量的增大而增大，最终达到平衡（党宏忠等，2008），这与本研究的结果一致。

图6-11(b)中通过对林冠截留率与降雨量的关系进行分析显示，图中的函数拟合效果最佳（$R^2 = 0.6001$），林冠截留率与降雨量的关系方程可表示为式6-9：

$$I_0 = \begin{cases} 100\% & (0 < P \leqslant 0.3) \\ 50.739P^{-0.234} & (0.3 < P \leqslant 59.3) \end{cases} \tag{6-9}$$

式中：I_0为林冠截留率，P为降雨量。

当降雨量≤0.3mm时，没有穿透降雨产生，林冠截留率基本为100%。随着降雨量的增加，林冠截留率与降雨量呈现出幂函数关系，在降雨量增大的同时，林冠截留率在不同程度地减小，林冠截留率也并非恒定的，也是在不停变化的，最后基本稳定在20%左右。

6.6.2 雨强对降雨截持的影响

降雨强度对林冠截留率的作用表现为随着降雨强度的增大，林冠截留率相应减少，如图6-12所示。当降雨强度为1.33mm/h时，林冠截留率为30.19±5.20%，当降雨强度增加到6.11mm/h时，林冠截留率为26.92±0.72%，即降雨强度增大时，林冠截留作用减弱，林冠截留率降低。这与前人研究的林冠截留率和降雨强度呈负相关关系（Peng et al.，2014；孙向阳等，2013；Alan et al.，2010；Toba et al.，2005；Carlyle-Moses，2004）的结果一致。图6-12中，在降雨强度为1.33mm/h、7.61mm/h时，幼龄林、中龄林、成熟林的林冠截留率之间的标准偏差最大，降雨强度为6.11mm/h时，其标准偏差最小，说明不同降雨强度下不同林龄间的林冠截留率差异有所不同。

林冠截留受不同因素综合影响，但降雨特征是影响林冠截留最直接的因素之一

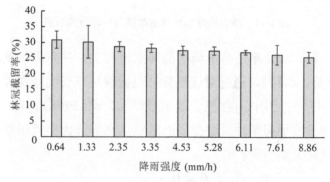

图6-12 降雨强度与林冠截留率的关系

（张焜等，2011）。降雨强度、降雨量级不同，林冠层对降雨的作用不同，所发生的拦截、吸附等现象会相应变化。选取三种不同降雨强度的降雨，研究其在不同降雨量等级下的变化规律，如图 6-13 所示，值得注意的是，在降雨强度相同的情况下，幼龄林、中龄林、成熟林的林冠截留速率差异较大，但都表现出先随降雨量级的增加而明显减少，后减少量趋于稳定的趋势，并且不同林龄林地的林冠截留速率都在降雨量 > 10mm 后趋于稳定。在降雨强度为 5mm/h 时，降雨量级在 5mm 时，幼龄林、中龄林、成熟林林冠截留速率分别为 1.18mm/h、1.35mm/h、1.74mm/h，降雨量级达到 10mm 时，林冠截留速率分别下降到 1.11mm/h、1.15mm/h、1.27mm/h。产生以上变化的原因是在降雨强度相同的情况下，降雨量级增大，同时降雨历时也随之增大，从而使得林冠截留速率的变化最后趋于平缓。

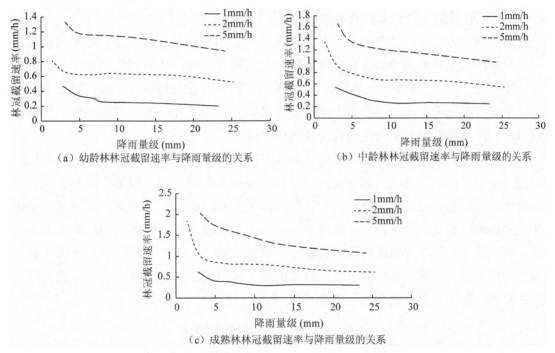

图 6-13　不同降雨强度下降雨量等级与林冠截留率的关系

对不同林龄华山松林林冠截留速率在不同降雨量级、不同降雨强度下的特征进行研究，结果如图 6-13 所示，在降雨量级相同的情况下，幼龄林、中龄林、成熟林的林冠截留速率都随降雨强度的增大而增大。通过数据分析，结果显示林冠截留速率与降雨强度之间呈正相关关系，在降雨强度为 2mm/h 时，幼龄林、中龄林、成熟林的平均林冠截留速率分别为 0.64mm/h、0.78mm/h、0.93mm/h，降雨强度为 5mm/h 时，不同林龄林地的平均林冠截留速率分别为 1.14mm/h、1.27mm/h 和 1.52mm/h，这与前人研究结果一致（盛雪娇等，2010；Gerrits et al.，2010）。在相同降雨强度下，图 6-13（a）中幼龄林的林冠截留速率最小，其次为图 6-13（b）中中龄林和图 6-13（c）中成熟林。

因此，在降雨强度和降雨量级都相同的情况下，成熟林的林冠截留速率最大，且林冠截留速率的变化在降雨强度为 2mm/h、5mm/h 时较大，在降雨强度为 1mm/h 时较小。

6.7 华山松林降雨再分配的主要影响因子

大气降雨再分配过程受不同因素的综合影响，目前，对于大气降雨再分配的研究已有一定的成果。在相同条件下，较高的林冠层的叶面积指数（LAI）和较小降雨量会导致林冠截留量增大（Brauman et al.，2010）。田风霞等（2012）认为叶面积指数、冠层郁闭度在一定程度上影响林冠截留的空间分布。

6.7.1 林冠截留、径流量的影响因子通径分析

通径分析方法不仅能够分析出因变量和自变量间是否存在相关性，还能将因变量和自变量的相关系数剖分为直接通径系数和间接通径系数，从而对结果变量产生的交互作用程度作出很好的判断（赵益新等，2007）。因此，在分析研究区域内径流量、林冠截留量、林冠截留率与其影响因子间的关系时，采用通径分析的方法来揭示影响林冠截留、产流量的因子所产生的直接和间接作用。

分别将径流量、林冠截留量、林冠截留率作为因变量，降雨量、降雨强度、林龄、风速、风向、树高、胸径、林分密度、叶面积指数作为自变量，做逐步回归分析，选取最优线性组合。降雨量、降雨强度 2 个指标在 $P < 0.05$ 水平上显著，表明这 2 个因子主要影响径流量。降雨量、降雨强度、叶面积指数这 3 个指标在 $P < 0.05$ 水平上显著，表明这 3 个因子主要影响林冠截留量、林冠截留率。因此，对以上各个因子进行通径分析，得到各因子与径流量、林冠截留量、林冠截留率间的直接通径系数和间接通径系数，如表 6-13、表 6-14、表 6-15 所示。

表 6-13　对径流量影响因素的通径分析

影响因子	相关系数	直接通径系数	间接通径系数			系数和
			降雨强度	降雨量	总和	
降雨强度	0.9170 * *	0.4960 * *	—	0.4117	0.4117	0.9077
降雨量	0.5180 * *	0.2090 *	0.1735	—	0.1735	0.3825

注：* * 表示在 $p < 0.01$ 水平上极显著相关，* 表示在 $p < 0.05$ 水平上显著相关。

表 6-13 中对径流量与各影响因子的显著性检验得出，径流量与降雨强度、降雨量极显著相关。降雨强度产生的直接通径系数绝对值最大，说明在研究的各影响因子中降雨强度对径流量的直接影响作用最大。降雨量经降雨强度对径流量产生的间接通径系数绝对值最大，说明降雨量主要是通过间接的方式对径流量产生影响。

对林冠截留量与各影响因子的显著性检验分析见表 6-14，结果显示林冠截留量与降雨量、降雨强度极显著相关，与叶面积指数显著相关。降雨量产生的直接通径系数绝对值最大，说明在研究的各影响因子中降雨量对林冠截留量的直接影响作用最大。降雨强度经由降雨量对林冠截留量产生的间接通径系数为 0.3835，其绝对值最大，说明降雨强度除了通过直接方式还能通过间接方式对林冠截留量产生影响。

表 6-14　对林冠截留量影响因素的通径分析

影响因子	相关系数	直接通径系数	间接通径系数				系数和
			降雨量	降雨强度	叶面积指数	总和	
降雨量	0.8480 **	0.4620 **	—	0.3835	−0.003	0.3832	0.8452
降雨强度	−0.6080 **	−0.2970 *	−0.2461		0	−0.2461	−0.5431
叶面积指数	0.4340 *	0.3080 *	−0.002	0	—	−0.0020	0.3060

注：** 表示在 $p < 0.01$ 水平上极显著相关，* 表示在 $p < 0.05$ 水平上显著相关。

对林冠截留率与各影响因子的显著性检验分析如表 6-15 所示，林冠截留率与降雨量、降雨强度极显著相关。降雨量产生的直接通径系数为 −0.4690，在各影响因子中其绝对值最大，即在研究的各影响因子中降雨量对林冠截留率的直接影响作用最大。降雨强度经由降雨量对林冠截留率产生的间接通径系数为 −0.3893，其绝对值最大，即降雨强度可以通过间接的方式对林冠截留率产生影响。

表 6-15　对林冠截留率影响因素的通径分析

影响因子	相关系数	直接通径系数	间接通径系数				系数和
			降雨量	降雨强度	叶面积指数	总和	
降雨量	−0.9070 **	−0.4690 **	—	−0.3893	0.003	−0.3890	0.8580
降雨强度	−0.7260 **	−0.2190 *	−0.1818	—	0	−0.1818	−0.4008
叶面积指数	−0.3340	−0.3080 *	0.002	0	—	0.0020	−0.3060

注：** 表示在 $p < 0.01$ 水平上极显著相关，* 表示在 $p < 0.05$ 水平上显著相关。

在影响径流量的因子中，降雨强度决定系数为 0.2460，位居各单因子决定系数之首，如表 6-16 所示。表 6-13 中降雨强度的直接通径系数最大，为 0.4960，且极显著相关，降雨强度的间接通径系数较小，即在各影响因子中，降雨强度对径流量的影响作用最大，其主要通过直接方式对径流量产生影响，通过其他因素对径流量产生的间接作用小。降雨量通过降雨强度对径流量的决定系数为 0.1721，说明降雨量对径流量的产生也有一定影响。降雨量通过降雨强度对径流量的间接通径系数为 0.4117，降雨强度通过降雨量对径流量的间接通径系数为 0.1735，两者总和为正数，因此，降雨量和降雨强度共同对径流量起到促进作用。

表 6-16　各影响因子对径流量的决定系数

影响因子	决定系数	
	降雨强度	降雨量
降雨强度	0.2460	0.1721
降雨量	—	0.0437

　　表 6-17 中显示，在影响林冠截留量的因子中，降雨量的决定系数为 0.2134，是各因子中决定系数最大的，其次是降雨强度，为 0.1235，说明降雨量、降雨强度对林冠截留量的影响作用最大。表 6-14 中降雨量的直接通径系数为 0.4620，且与林冠截留量极显著相关，降雨强度的直接通径系数为 −0.2970，也与林冠截留量具有显著相关关系。因此，降雨量通过直接方式对林冠截留量影响最大，其次为降雨强度。此外，降雨强度经降雨量对林冠截留量的间接通径系数为 0.3835，降雨量经降雨强度对林冠截留量的间接通径系数为 −0.2461，两者总和为正数，因此，降雨量与降雨强度共同影响林冠截留量，对其有一定的促进作用。

表 6-17　各影响因子对林冠截留量的决定系数

影响因子	决定系数		
	降雨量	降雨强度	叶面积指数
降雨量	0.2134	0.1235	−0.0052
降雨强度	—	0.0880	0
叶面积指数	—		0.0949

　　如表 6-18 所示，在影响林冠截留率的因子中，降雨量、降雨强度对其影响作用最大，表 6-15 中降雨量、降雨强度均与林冠截留率极显著相关，且其直接通径系数绝对值相对较大，说明降雨量与降雨强度通过直接方式对林冠截留量产生较大影响。降雨强度经降雨量对林冠截留率的间接通径系数为 −0.3893，降雨量经降雨强度对林冠截留率的间接通径系数为 −0.1818，两者总和为负数，因此，降雨量与降雨强度的共同影响对林冠截留率起到抑制作用。

表 6-18　各影响因子对林冠截留率的决定系数

影响因子	决定系数		
	降雨量	降雨强度	叶面积指数
降雨量	0.2200	0.1705	−0.0020
降雨强度	—	0.0480	0
叶面积指数	—		0.0949

6.7.2　林冠截留、穿透降雨、径流量的影响因子冗余分析

　　RDA 排序图可以综合多种环境因子，通过排序分析，把排序轴和已知的环境条件

联系起来，看某一环境梯度下的变化规律，能直观展示不同因子间的内在关系。因此，采用冗余分析的方法研究林冠截留量、林内穿透降雨量、径流量及其影响因子之间的关系。

林冠截留量、穿透降雨量、径流量的趋势对应分析显示，第一排序轴的长度均小于3，因此本研究适用线性模型下的冗余分析。Monte Carlo 置换检验排序轴结果显示已达到显著水平（$P<0.05$），表明排序效果良好。

如图6-14所示，林冠截留量与第一排序轴（横轴）呈显著负相关关系（$P<0.05$），穿透降雨量、径流量与第一排序轴呈显著正相关关系。第一排序轴从左到右各环境因子呈增加的趋势，图6-14中表明降雨量越大，穿透降雨量、径流量越大，林冠截留量越小；与第二排序轴（纵轴）呈显著正相关的是林冠截留量，第二排序轴从下到上由叶面积指数较小、林龄较小的幼龄林过渡到叶面积指数较大、林龄较大的成熟林，林冠截留量在叶面积指数、林龄、林分密度增大的情况下也随之增大，穿透降雨量、径流量则减小。由图6-14可见，林冠截留量与降雨量、降雨强度、叶面积指数、林龄、林分密度均具有相关性，其中林龄与林冠截留量的夹角最大，相关性系数最低。从图6-14中各连线长度看出，降雨量、降雨强度的箭头连线较长，并且降雨量、降雨强度与林冠截留量、穿透降雨量、径流量的相关性系数最高，因此，降雨量、降雨强度是影响林冠截留量、穿透降雨量、径流量的主控因子。

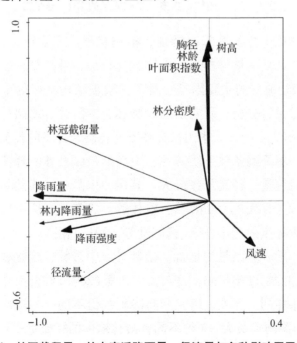

图6-14　林冠截留量、林内穿透降雨量、径流量与多种影响因子排序图

图6-15中1～75为样地标号，各样地对降雨量、降雨强度做垂线后显示样地11～15（幼龄林）的值最大，其次为样地6～10（中龄林）、样地1～5（成熟林），说明幼龄

林、中龄林、成熟林均受降雨量、降雨强度的影响，幼龄林受降雨量、降雨强度的影响作用最明显，其次为中龄林、成熟林。综上所述，成熟林对林冠截留、减少径流量作用最好。

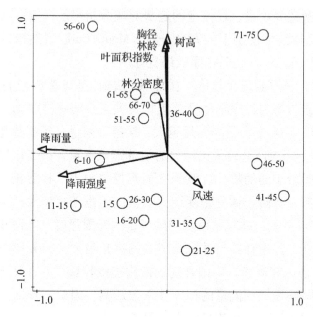

图 6-15　不同样地内多种影响因子的 RDA 排序图

　　影响地表产流的因子主要有降雨特征、植被状况、土壤特性。在研究区域内，3种不同林龄的华山松林地内坡度相近，土壤状况相似，林分结构、降雨特征成为影响3种不同林地内地表径流量的主要因子。对3种植被结构良好的不同林龄华山松样地内产生的地表径流量进行分析，研究期间幼龄林、中龄林、成熟林的总地表径流量分别为11.0mm、8.6mm、7.6mm。华山松林在不同林龄条件下的径流量和径流系数均有差异，通过对比同一场降雨条件下幼龄林、中龄林、成熟林的径流量、径流系数，得出幼龄林内的地表径流量、径流系数最大，其次为中龄林、成熟林，各个月份的径流量、径流系数大小顺序也表现为幼龄林、中林龄 > 成熟林，这一结果与不同林龄华北落叶松人工林内地表径流的变化规律（杨晓勤等，2013）相同。

　　在相同条件下，随着降雨量的增加，幼龄林、中龄林、成熟林内径流量、径流系数也在增加，但增加的幅度不相同，这与孟广涛等（2001）对云南省会泽县境内的华山松人工林的研究结果相同。此外，研究期间降雨月份不同，各样地内的径流量也具有差异性。8月份的总降雨量最大，3种不同林龄林地内的径流量也相应地大于其它月份的，其中幼龄林内8月份的地表径流量相比9月份增幅最大，其次为中龄林、成熟林。降雨强度的增强，也使得3种不同林龄林地内的径流量不同程度地增大。因此，各林地内地表径流量受降雨量、降雨强度的影响作用大。通过直接通径系数的计算得出，降雨强度对径流量的直接影响大于降雨量，而孟广涛等(2001)的研究显示降雨量的影响作用远大于降雨强度的影响，造成差异的原因是不同年份、不同区域内发生的多场降雨间的降雨量、降雨强度差异不同，从而产生不同的结果。当降雨量达到9.8mm时，华山松林内开始有坡面产流形成，这一结论是在研究区域气候条件下且坡度在8°~12°之间时得出的，对于其他地区的降雨量与径流量的关系有待进一步研究。

6.7.3　不同林龄华山松林对大气降雨的再分配作用

大气降雨经森林的林冠层作用后，主要分为林内穿透雨、林冠截留、树干径流三部分。以森林为主体对其进行划分，其中林冠截留大多被蒸发返回大气层，被称为无效雨(孙学金等，2011)，而林内穿透雨和树干径流能够为森林补给水分，因此被称为有效降雨。有效降雨经枯落物层后，一部分降雨下渗形成地下水和壤中流，另一部分降雨则停留在地表，形成地表径流，从而完成森林大气降雨的再分配过程。

如表6-19所示，在研究区域内总降雨量为877.2mm的情况下，幼龄林、中龄林、成熟林的累计林冠截留量分别为213.6mm、230.7mm、254.5mm，分别占总降雨量的24.35%、26.30%、29.01%。由此可见，在林冠层对大气降雨进行再分配的过程中，幼龄林的总林冠截留部分所占比重最少，其次是中龄林、成熟林。对于林冠截留率，也表现出随着林龄的增长而增加的趋势。由此可见，林龄与林冠截留量、林冠截留率均呈正相关关系。

表6-19　不同林龄华山松林降雨和林冠截留概况

指标	幼龄林			中龄林			成熟林		
	降雨量(mm)	林冠截留量(mm)	林冠截留率(%)	降雨量(mm)	林冠截留量(mm)	林冠截留率(%)	降雨量(mm)	林冠截留量(mm)	林冠截留率(%)
累积值	877.2	213.6	24.35	877.2	230.7	26.30	877.2	254.5	29.01
平均值	11.9	2.9	24.42	11.9	3.1	28.38	11.9	3.4	33.31
最大值	59.3	13.3	42.82	59.3	13.5	42.82	59.3	14.2	46.39
最小值	0.7	0.5	12.46	0.7	0.6	16.63	0.7	0.6	20.79

3种不同林龄的林地内林冠截留量都在210~260mm之间，总林冠截留率在24.35%~29.01%之间，平均林冠截留率在24.42%~33.31%之间，这与之前研究的林冠截留率在20%~48%(Carlyle-Moses，2004)之间的结果一致。单场次降雨的林冠截留率在12.46%~46.39%之间，这与油松林内林冠截留率在15.9%~36.97%之间的结果(胡珊珊等，2010)相比，具有相似性，但最大林冠截留率明显增大。造成这种结果的原因可能是研究期间大气降雨呈现出降雨强度较小、降雨历时长的特点，同时研究区域内林冠层的蒸发散量相对较高，林冠层截留能力强，因此产生了较高的饱和截留量。

表6-20　华山松林对大气降雨再分配的概况

总降雨量（mm）	平均林冠截留量（mm）	林冠截留量占总降雨比例(%)	平均穿透雨量（mm）	穿透雨量占总降雨比例(%)	平均树干径流量（mm）	树干径流量占总降雨比例(%)	平均坡面径流量（mm）	坡面径流量占总降雨比例(%)
877.2	232.9	26.55	643.7	73.38	0.6	0.07	9.1	1.04

通过表6-20可以看出，研究期间，华山松林地内各月份的平均林冠截留量占总降雨量的26.55%，平均林内穿透降雨量占73.38%，平均树干径流量占0.07%，平均径流量占总降雨量的1.04%，占林内穿透降雨量的1.41%。其中，林内穿透雨量占总降雨量的绝大部分，树干径流量所占比例很小。此外，坡面产流量占林内穿透降雨量的比例较小，说明大部分林内降雨下渗被植物吸收利用或形成地下水、壤中流，只有较少部分降雨形成地表径流。

在不同的雨量等级下，林冠截留量、穿透雨量、树干径流、坡面径流量所占总降雨量的比重不同。通过表6-21可见，在幼龄林内，当降雨量级小于5mm/d时，中龄林的林冠截留量、穿透雨量、树干径流量、坡面径流量所占比重分别为31.84%、68.13%、0.03%和1.08%，降雨量级为5～10mm/d时，中龄林的林冠截留量、穿透雨量、树干径流量、坡面径流量所占比重分别为26.39%、73.58%、0.03%和1.03%，因此，随降雨量级的增加，中龄林内林冠截留率下降，穿透率增加，树干径流量所占比例增加但变化不明显，成熟林也出现同样的变化规律。

表6-21　不同雨量等级下不同林龄华山松林对大气降雨的再分配

雨量等级（mm/d）	林冠截留量占总降雨比例(%)			穿透雨量占总降雨比例(%)			树干径流量占总降雨比例(%)			坡面径流量占总降雨比例(%)		
	幼龄林	中龄林	成熟林	幼龄林	中龄林	成熟林	幼龄林	中龄林	成熟林	幼龄林	中龄林	成熟林
<5	24.72	31.84	40.14	75.25	68.13	59.83	0.03	0.03	0.03	1.39	1.08	0.85
5–10	23.39	26.39	31.08	76.58	73.58	68.89	0.03	0.03	0.03	1.25	1.03	0.88
10–20	24.36	26.25	28.84	75.56	73.70	71.12	0.07	0.05	0.05	1.26	0.95	0.86
>20	24.88	26.20	27.72	75.02	73.73	72.21	0.11	0.07	0.07	1.23	0.97	0.87

幼龄林的穿透雨量所占比例在5～10mm/d时达到最大，林冠截留量所占比例达到最小，树干径流量所占比例随降雨量级的增加而增加。幼龄林表现规律之所以不同于中龄林、成熟林，是因为幼龄林的林冠层截留作用较小，随着降雨量级的增加，其林冠截留率的减小速率和穿透降雨的增加速率相对小于降雨量的增加速率。而对于坡面径流量所占降雨量的比例，幼龄林、中龄林在降雨量级<5mm/d时达到最大值，成熟林在5～10mm/d时达到最大值。总体而言，在降雨量级<10mm/d时，不同林龄华山松林内坡面径流量占降雨量的比例较大。产生这种现象的原因是随着降雨量增加，坡面径流量增加，但其增长速率小于降雨量的增长速率。在相同的降雨量级条件下，表6-21显示，穿透雨量、坡面径流量、树干径流量所占比例表现出幼龄林＞中龄林＞成

熟林，其结果与林冠截留量相反。

　　具体来看，当降雨量级小于 5 mm 时，成熟林内穿透雨量与林冠截留量分别占总降雨的 59.83%、40.14%。而当降雨量级达到 5~10mm 时，其各部分所占比例发生明显变化，林冠截留率由原来的 40.14% 下降到 31.08%，而穿透率则明显上升，由原来的 59.83% 上升到 68.89%。此外，在其他降雨量级也出现同样的变化规律，但变化幅度不相同。通过比较，当降雨量级达到 >20mm 时，成熟林地内林冠截留率最小，坡面产流量也同时增加。因此，在此降雨量级中，林内水分可以得到充分补给，但要加强水土保持工作，防止水土流失。

　　降雨通过林冠层后被分割成林冠截留、穿透雨和树干径流 3 个组分。在相同条件下，随着降雨量的增大，3 种不同林龄林地的林冠截留量均呈增大的趋势，并且林冠截留量大小顺序表现为成熟林 > 中龄林 > 幼龄林，即成熟林的林冠截留作用最强，这与彭焕华等（2011）对云杉林林冠层截持能力的研究结果相同，与不同地区的林冠截留的研究结果（周佳宁等，2014）也一致。在林冠层对大气降雨进行再分配的过程中，幼龄林、中龄林、成熟林的累计林冠截留率的大小顺序为成熟林 > 中龄林 > 幼龄林，成熟林的林冠截留率最大，3 种不同林龄林地各月份间的林冠截留率在 22.25%~34.37% 之间，总林冠截留率在 24.35%~29.01% 之间，这与国内研究的林冠截留率通常在 10%~35% 之间（Zhang et al.，2006）的结果基本一致。有研究结果表明，不同的林冠类型的林地内其截留量有显著差异，造成这种现象的主要原因是林分的年龄不同（孙向阳等，2013）。这与本研究中华山松不同林龄对降雨截留的影响存在差异，且这种差异在幼龄林和成熟林间更为明显。研究区域内华山松成熟林林冠截留量大于幼龄林、中龄林，有研究显示林冠层的截持能力与叶面积指数相关（田风霞等，2012），不同林龄的林地林冠层结构不同，叶面积指数差异明显，导致截留量不尽相同，随着林分的不断生长变化，林冠层的郁闭度和叶面积发生改变，使得成熟林的截留量增大，这与本研究中林冠截留量与降雨量、降雨强度极显著相关，与叶面积指数显著相关的结果一致。

　　在大气降雨再分配过程中，华山松林地内平均林冠截留量占总降雨量的 26.55%，平均穿透降雨量占到 73.38%，平均树干径流量仅占 0.07%，平均径流量占总降雨量的 1.04%。由此可见，穿透降雨占总降雨的大部分，其次是林冠截留部分、径流量部分，树干径流量所占比例最小。段旭对六盘山地区华北落叶松的研究结果显示，林冠截留量、穿透雨量、树干径流量所占降雨量的比例分别为 17.03%、82.75%、0.33%（段旭等，2010），与本研究结果变化规律相似，只是不同林地的林冠截留率有所不同。

本章小结

通过对 2016 年 5—9 月云南省磨盘山国家森林公园内 3 种不同林龄华山松人工林穿透降雨、林冠截留、树干径流、地表径流特征的比较研究，得出以下结论：

2016 年 5—9 月研究区域内总降雨量为 877.2mm，其中 8 月的降雨量最大。总体而言，5—9 月的降雨次数分布较均匀，降雨量呈现出先增加后减少的趋势。研究区域内发生的降雨事件以较高雨量级、较小雨强的降雨为主要形式，高强度降雨虽有发生，但占降雨总量的比例较少。

不同林龄的华山松林内穿透降雨量有明显差异，其中幼龄林、中龄林、成熟林的穿透雨总量分别为 663.1mm、646mm、621.9mm。在相同降雨条件下，成熟林内穿透降雨量最少，其次为中龄林、幼龄林。降雨量级小时，幼龄林、中龄林内便有穿透降雨产生，而对于成熟林，当降雨量达到 0.3mm 时才有穿透降雨形成。不同月份间的穿透率变幅较小，均在 65.62%～77.74% 之间，而在单场次降雨中的变幅较大。在同一华山松林样地的不同监测样点，其穿透降雨在空间分布上具有差异性，在一定范围内，穿透降雨的变异系数随着降雨量的增加而下降。降雨量级和降雨强度与穿透雨量有极显著相关性($p < 0.01$)，随着降雨量级、降雨强度的增大呈增大的趋势。3 种不同林龄的华山松林在不同雨量级下的穿透降雨量差异显著，并且在 >20mm/d 雨量级下不同林龄林地内的穿透雨量最大。

不同林龄阶段的华山松林树干径流量与降雨量都具有极显著相关关系($p < 0.01$)，且表现为随着降雨量增大，树干径流量也不同程度增大。其拟合关系为二次多项式的方程，在方程中，幼龄林、中龄林、成熟林分别在在降雨量达到 4.9mm、5.3mm、5.8mm 时开始产生树干径流。

研究期间幼龄林、中龄林、成熟林内地表径流量分别为 11.0mm、8.6mm、7.6mm。降雨量与径流量的拟合方程显示，当降雨量达到 9.8mm 时，华山松林内开始有坡面产流形成。各月份中，8 月的降雨量、径流量最大，9 月的最小，6—8 月是防止华山松林水土流失的关键月份。在同一降雨强度下，幼龄林的径流量高于成熟林、中龄林，且 3 种不同林龄林地内坡面径流量均随降雨强度的增加而增加。降雨强度的不断增大也使得幼龄林、中龄林、成熟林的产流强度差异增大，当降雨强度为 6.0～8.9mm/h 时，其差异最大。

3 种不同林龄林地的林冠截留率分布在 22.25%～34.37% 之间。当降雨量 ≤0.3mm 时，降雨基本全部被林冠截留作用所截持，当降雨量 >0.3 且 <59.3 时，林冠截留量随降雨量的增加呈直线增加。在华山松林内，林冠截留率先随降雨量的增加而减少，最后基本稳定在 20% 左右。在降雨强度相同的情况下，幼龄林、中龄林、成熟林的林

冠截留速率差异较大，但都表现出先随降雨量级的增加而明显减少，后减少量趋于稳定的趋势，并且不同林龄林地的林冠截留速率都在降雨量 >10mm 后趋于稳定。

在各影响因子中，径流量、林冠截留率与降雨量、降雨强度极显著相关，林冠截留量与降雨量、降雨强度极显著相关，与叶面积指数显著相关。在大气降雨再分配的过程中，华山松林地内各月份的平均林冠截留量占总降雨量的 26.55%，平均穿透降雨量占 73.38%，平均树干径流量占 0.07%，平均径流量占总降雨量的 1.04%。林内穿透雨占总降雨量的绝大部分，树干径流量所占比例很小。

研究区域内降雨呈现出次数多、强度低的特征，使得华山松林地的降水补给作用较强。因此，雨量充沛是该地区的华山松林地可以长期可持续发展的重要原因之一。幼龄林阶段的华山松林穿透雨量、径流量所占比例明显大于中龄林、成熟林，建议对华山松幼龄林进行合理密植或增加灌木层，减少降雨对土壤的冲刷作用，改善幼龄林林地的水分条件。由于该研究年限较短，采集数据量有限，特别是对大降雨量等级的降雨数据采集较少，今后仍需继续进行相关研究。另外，林下枯落物层对降雨进行二次截留后，也可减少降雨对土壤的冲刷作用，虽然幼龄林下枯落物相对较少，但在以后的研究中也应增加这方面的研究，用以更加精准地确定合理密植的范围。

第7章
常绿阔叶林的生态水文功能

7.1 试验设计与研究方法

本研究分别于 2016 年和 2017 年 5—9 月期间进行，依托云南省玉溪市森林生态系统国家定位观测研究站，以常绿阔叶林为研究对象，基于森林对大气降雨的再分配原理，进行穿透雨、树干径流、林冠截留、地表径流量及产沙量不同层次的定位观测，结合林内外雨滴直径大小测定试验，对常绿阔叶林的大气降雨再分配及雨滴特性进行研究，将降雨强度、降雨量、降雨历时、雨滴大小、雨滴终速度、降雨动能、降雨势能等相关因子对产流产沙量的影响机制进行综合分析研究。用以揭示常绿阔叶林对大气降雨再分配的作用及降雨特征对穿透雨、树干径流、林冠截留、地表径流的作用，定量评价常绿阔叶林对大气降雨再分配的作用和雨滴动能特征。主要研究内容包括：

(1)定位观测 2016 年和 2017 年 5—9 月研究区内的降雨特征，包括大气降雨量、林内穿透雨量、树干径流量、降雨强度、降雨场次、降雨历时等。

(2)研究常绿阔叶林对林内穿透降雨、树干径流的影响机制，通过拟合回归方程分析降雨量、降雨强度与林内穿透降雨的关系；降雨量与树干径流量和树干径流率的关系；林冠截留量和林冠截留率与降雨量的关系。

(3)通过修正的 Gash 模型对研究区的林冠截留量、树干径流量和穿透雨量进行模拟，分析研究期间单场降雨模拟值和实测值之间的差异，并对模型中的相关参数进行敏感性分析，得出更为精确的模拟结果。

(4)通过色斑法测定的不同降雨场次下的林内外降雨雨滴直径大小，通过相关公式计算出雨滴终速度及雨滴动能和势能，分析常绿阔叶林对雨滴动能的影响作用、不同降雨强度下雨滴动能特征。

(5)根据径流小区的产流产沙数据采用冗余分析的方法，探讨研究期间不同影响

因子(降雨强度、降雨量、降雨历时、雨滴大小、雨滴终速度、降雨动能、降雨势能)
对研究区产流产沙的作用规律,对其相关的影响因子进行排序,分析其影响机制,综
合评价该林区的森林水文效应。

7.1.1 样地布设及林业数据调查

研究区野外定位观测样地选在云南省玉溪市新平县磨盘山国家森林公园境内,本
研究在定位站于 2012 年布设好的 100 m×100 m 的常绿阔叶林大样地内选取 20 m×20 m
的典型小样地,样地周围拉有铁丝网用于固定样地面积和保护样地,用于长期野外定
位观测研究。用胸径尺测量样地内每株林木的胸径并在样地内选取较粗、粗、中、细
不同径级的每类树种 3 株,一共 12 株在树干离地面 1.3 m 处布设胸径尺实时监测胸径
变化,如图 7-1。同时调查记录样地内林冠层的郁闭度、冠层厚度、冠幅、盖度等相关
冠层指标(表 7-1)。

表 7-1 磨盘山常绿阔叶林地基本概况

平均胸径 (cm)	平均树高 (m)	林龄 (a)	平均冠幅直径 (m)	平均冠层厚度 (m)	海拔 (m)	坡度 (°)	坡向	坡位	郁闭度	密度 (株/hm²)
22.1	15.2	75	7.15	8.80	2362	28	东北	中	0.9	934

图 7-1 胸径尺的固定及布设

7.1.2 野外定位监测

7.1.2.1 大气降雨量及气象数据的监测

在距离样地 500 m 的空旷位置已建有全自动气象观测场,场地内布设 Envidata-
thies 全自动野外固定气象站(图 7-2),具有实时监测降雨量、风速、风向、辐射、气
温、气压、相对湿度等气象数据的功能。并在观测场内设有两个普通雨量筒,防止连
续阴雨天气气象站供电不足时监测降雨量,在距离气象观测场外 1.8 km 外的定位站宿
舍楼楼顶装有 RG-2 自记雨量计,最后可将三者的数据进行对比参考,以确保研究区

图7-2　Envidata-thies 全自动野外固定气象站

大气降雨数据的真实可靠。

7.1.2.2　林内穿透雨监测

于 2016 年 4 月在标准样地内采用 LAI – 2000 冠层分析仪测定不同位置的叶面积指数，用以确定盛接林内穿透雨装置的位置，选取郁闭度适中的位置 9 处，在距离树干 0.5m、距离地面高度 1m(用以避免灌木、草本植物的影响作用)处布设 8 个标准雨量筒和一个 RG – 2 自记雨量计，用于监测林内穿透降雨特征，雨量筒布设情况详见表7-2。

表7-2　2016—2017 年 5—9 月常绿阔叶林林下雨量筒放置位点及对应的上方林冠特征

雨量桶号	经纬度	离干距离(m)	冠层厚度(m)	盖度(%)	叶面积指数
1	N23°56′28.29″ E101°58′50.41″	0.96	8.5	83	4.12
2	N23°56′28.05″ E101°58′50.13″	1.20	9.1	89	3.90
3	N23°56′28.22″ E101°58′49.83″	0.85	10.8	76	3.87
4	N23°56′28.53″ E101°58′50.11″	1.45	7.4	80	3.57
5	N23°56′28.42″ E101°58′50.41″	2.15	8.3	82	3.89
6	N23°56′28.20″ E101°58′50.23″	3.00	6.9	78	3.49
7	N23°56′28.57″ E101°58′50.46″	1.52	9.7	85	3.85
8	N23°56′28.63″ E101°58′50.32″	1.32	10.5	72	4.07
9	N23°56′28.27″ E101°58′50.10″	0.78	8.0	96	4.09

7.1.2.3　树干径流监测

在选取的样地内对每株乔木进行林分调查，测定其林木的胸径。根据调查结果每隔 5 cm 对林木划分一个径级，每个径级下的乔木各选 3 ~ 4 株，一共选取 10 株标准木进行树干径流的观测。测定各标准木的树冠投影面积，并在距地面 1.3 m 处起，用直径为 2 cm 的聚乙烯塑料管缠绕树干一圈，用玻璃胶固定，在适当的位置打孔，将树干径流导入塑料管下端连接的 2L 塑料桶内，塑料桶底部埋于土壤中起固定作用，雨后收集树干径流，与穿透雨量同时测定，详见图 7-3。

图 7-3 树干径流野外观测示意图

7.1.2.4 产流产沙量监测

样地下坡位建有标准径流场，径流场的宽为 5 m，并与该地的等高线平行，水平投影长为 20 m，水平投影面积为 100 m²。径流场四周有采用水泥进行筑建的矮墙，矮墙下端为集流槽，其宽、深均为 20 cm。集流槽同样铺有不渗水的水泥筑建而成，中间设有圆形过水孔，过水孔上有反滤层遮挡枯枝落叶。降雨发生时，坡面产流在集流槽内聚集，并通过集流槽流入观测房内的量水池(1m×1m×1 m)中，如图 7-4 所示。

通过布设好的标准径流小区内安装的集水槽收集每场降雨过程中产生的地表径

图 7-4 标准径流小区

流，利用 5 m 的塔式水尺对集水槽里面的径流量进行测定读数。读数后将水槽里的径流用木棍搅拌均匀后用泥沙测定仪测定，并用 250 ml 的聚乙烯塑料瓶采集 3 份水样带回实验室用烘箱进行泥沙含量测定。最后将两个数据进行对比参考，确保数据的准确性。

7.1.2.5 雨滴大小的测定

本研究采用传统的滤纸色斑法对雨滴直径大小进行测量，具体做法是采用曙红粉和滑石粉按质量比 1∶10 的比例均匀混合，用毛刷将其均匀涂抹在杭州特种纸业有限公司生产的 15cm 的定性滤纸上（图 7-5）。每次降雨前将涂抹好颜料的滤纸平铺在 20cm × 50cm 的聚乙烯塑料板上，将塑料板带到常绿阔叶林样地内布有雨量筒的样树附近接收落下来的林内穿透雨雨滴。于每场降雨开始后，同时对林内外降雨进行雨滴取样，待色斑布满滤纸后取下滤纸换上新的刷有涂料的滤纸，最后收集好布有色斑的滤纸到实验室用游标卡尺进行雨滴直径大小测定并记录数据。

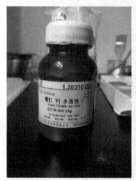

图 7-5　滤纸色斑法测定雨滴直径

7.1.3 室内实验分析
7.1.3.1 雨滴大小率定实验

为了得到精确的雨滴直径大小，本研究事先对色斑直径和雨滴直径之间的函数关系进行率定。首先，用精确到千分位的电子天平称量注射器和清水的总质量，用 M 表示，然后在滤纸上方用注射器滴落水滴，试验过程中尽量避免滤纸上的色斑不要有重叠，直到滤纸上布满色斑，再次称量注射器和剩余清水的质量 m，求出质量差和水滴总数 n，即可算出每一个水滴的直径：

$$d = \sqrt[3]{\frac{6(M-m)}{n\rho\pi}} \qquad (7-1)$$

式（7-1）中：ρ 为水的密度，在此过程中需更换不同大小的注射器针头（本次率定分别用了 2 ml、5 ml、10 ml 容量的注射器），重复以上操作，对实际水滴直径和与其对应的形成的色斑直径使用 Excel 进行回归分析，得到二者间的函数关系式。

本研究通过试验率定，得出二者的函数关系式为：

$$d = 0.398D^{0.71} \qquad R^2 = 0.970 \qquad\qquad (7-2)$$

式中：D 为色斑直径。

7.1.3.2　泥沙量测定实验

将采回来的径流小区水样摇匀倒入 25ml 的小烧杯中，每份水样倒入三个小烧杯做三组平行测定，将烧杯放入烘箱内，温度调至 80℃ 烘至水分蒸发完为止，用电子分析天平称量烧杯和泥沙的总重量(M)，用 M 值减去空烧杯的质量(m)得出泥沙质量，对三组数据求出平均值。根据得出的平均值和径流小区内集水槽水量值推算出降雨过程中产生的地表径流泥沙含量大小。

7.1.4　数据处理及分析方法

7.1.4.1　降雨数据处理

(1)树干径流量

将收集的树干径流量按式(7-3)进行计算得到研究区样地的树干径流量：

$$C = \sum_{i=1}^{n} \frac{C_i \cdot M_i}{S \cdot 10^4} \qquad\qquad (7-3)$$

式(7-3)中：C 为树干径流量(mm)；n 为树干径级数；C_i 为第 i 径级单株树干径流体积(ml)；M_i 为第 i 径级的树木株数；S 为样地面积(m^2)。

(2)冠层截留量

林内总雨量应该为林冠饱和后的滴落水量、穿透雨量、树干径流量之和。因此计算林冠截留量的公式如下：

$$I = P - T - G \qquad\qquad (7-4)$$

式(7-4)中，I 为冠层截留量(mm)；P 为大气降雨(mm)；T 为穿透雨(mm)，G 为树干径流(mm)。

在降雨过程中很少一部分雨水也会被蒸发，但由于降雨时气温较低则蒸发量较少，因此蒸发量也计算为林冠截留量，故在计算的时候不考虑蒸发量。

$$林冠截留率 = (林冠层截留量/林外降雨量) \times 100\%$$
$$林内透雨率 = (林内穿透雨/林外降雨量) \times 100\% \qquad\qquad (7-5)$$
$$树干径流率 = (树干径流量/林外降雨量) \times 100\%$$

(3)地表产流量

$$H = 10R/(t \cdot S) \qquad\qquad (7-6)$$

式(7-6)中：H 为地表产流强度(mm/h)，R 为 t 时间内产生的径流量(ml)，S 为坡面承雨面积(cm^2)，t 为降雨历时(h)。

径流系数的计算公式：

$$\alpha = R/P \times 100\% \qquad (7-7)$$

式（7-7）中：α 为径流系数（%），R 为径流量（mm），P 为大气降雨量（mm）。

7.1.4.2 雨滴特性数据处理

（1）雨滴终点速度计算

本研究林外降雨的雨滴终速度计算按雨滴直径大小分两种情况来计算（李振新等，2004）：

①当 d < 1.9mm 时，采用修正的沙玉清公式：

$$V_{\text{林外}} = 0.496\text{antilong} \sqrt{28.362 + 6.524\lg0.1d - (\lg0.1d)^2 - 3.665} \qquad (7-8)$$

②当 d ≥ 1.9mm 时，采用修正的牛顿公式：

$$V_{\text{林外}} = (17.20 - 0.844d) \sqrt{0.1d} \qquad (7-9)$$

林下雨滴终点速度采用以下公式进行计算：

$$V_{\text{林内}} = V_{\text{林外}} [1 - \exp(-2gh/V_{\text{林外}}^2)]^{1/2} \qquad (7-10)$$

式中：d 为雨滴直径（mm）；$V_{\text{林内}}$ 为林下降雨不同直径的雨滴到达林地时的速度（m/s）；$V_{\text{林外}}$ 为不同直径雨滴降落的重点速度（m/s）；g 为重力加速度；h 为林下降雨的雨滴降落高度（m）。

（2）降雨动能计算

先计算出单个雨滴的降雨动能再对其求和计算总动能，最后推算出单位面积上的降雨总动能。

单个雨滴的动能：

$$e = \frac{1}{2}mv^2 = \frac{1}{12}\rho\pi d^3 v^2 \qquad (7-11)$$

式（7-11）中：ρ 为水的密度，标准状态下为 1g/cm^3；v 为雨滴终点速度（m/s）。

雨滴总动能：

$$E_{\text{总}} = \sum_{i=1}^{n} e_i \qquad (7-12)$$

单位降雨动能：

$$E = E_{\text{总}}/(H \cdot S) \qquad (7-13)$$

式中：m 为雨滴质量（g）；i 代表雨滴个数；E 为单位面积上单位降雨量的雨滴动能 $\text{J}/(\text{m}^2 \cdot \text{mm})$；$H$ 为降雨深（mm）；S 为滤纸面积（m^2）。

（3）降雨势能计算

降雨接触林冠顶部时的势能：

$$E_{\text{势}} = mgH_{\text{树}} \qquad m = \frac{\pi d^3 \rho}{6} \qquad (7-14)$$

式中：$E_{\text{势}}$ 为林冠顶部雨滴势能（J）；m 为降雨雨滴质量（g）；d 为雨滴直径（mm）；$H_{\text{树}}$ 为平均树高（m）。

雨滴经过林冠到达地面时势能的减少量为：

$$\Delta E_{穿} = m_{穿} g(H_{树} - h) \qquad (7-15)$$

式中：m 为穿透雨降雨质量（g）；h 为平均枝下高度（m）；$(H_{树} - h)$ 为林冠平均厚度（m）。

总的势能减少量计算公式：

$$\Delta E = \Delta E_{穿} + \Delta E_{林冠截留} \qquad (7-16)$$

式中：$\Delta E_{林冠截留}$ 为林冠截留降雨未达到地面损失的势能。

7.1.4.3　修正的 Gash 模型

原始的 Gash 解析模型描述了一系列彼此分离的降雨事件，包含每次降雨事件中的林冠加湿、林冠饱和、降雨停止后林冠干燥的三个阶段。确定这 3 个阶段的重要参数要求为：

① 林冠加湿期：P_G（林外降雨量）$< P_G'$（林冠饱和状态下的降雨量）；

② 林冠饱和期：$P_G > P_G'$，且满足 $\bar{R}$（平均雨强）$> \bar{E}$（饱和状态下林冠的平均蒸发速率）；

③ 干燥期：降雨停止一段时间后，林冠层和树干干燥的阶段。

以上参数的计算公式如下所述：

$$P_G' = -(R/\bar{E}_c) S_c \ln(1 - (\bar{E}_c - R)) \qquad (7-17)$$

$$\bar{E}_c = \bar{E}/c \qquad (7-18)$$

$\bar{E}$ 根据 Penman-Monteith 公式计算：

$$\bar{E} = (\Delta R_n + \rho c_p D/r_a)(\Delta + \gamma)^{-1} \qquad (7-19)$$

空气动力学阻力：

$$r_a = 1/0.56u \qquad (7-20)$$

由于计算所用的风速是根据野外固定气象站所测出，风速采样器距离地面 2m，样地海拔低于空旷地 8m，因此根据 Allen 等人（1998）的方法计算冠层上方 2m 处风速。

$$u = u_0 \ln(67.8 \times 6 - 5.42)/4.87 \qquad (7-21)$$

$$P_G'' = (\bar{R}/(\bar{R} - \bar{E}_c))(S_{tc}/p_{tc}) + P_G' \qquad (7-22)$$

修正的 Gash 模型是对原始模型进行修正，其中引入了林冠盖度指标，分别对林冠层的截持能力和饱和状态下林冠层蒸发强度进行改进，还对树干径流产生条件进行修正。并在原模型的基础上将林地划分为有植被覆盖区和无植被覆盖区，并且假设在无植被覆盖区域内林冠层没有产生蒸发量（Herbst et al.，2008）。修正后的模型还补充了降雨停止后林冠达到干燥期的必要条件是每两次降雨事件之间的时间间隔必须达到 8h（Herbst et al.，2008；Limousin et al.，2008）。

利用修正的 Gash 模型计算林冠截留量：

$$\sum_{j=1}^{n+m} I_j = c \sum_{j=1}^{m} P_{Gj} + \sum_{j=1}^{n} (c\bar{E}_{cj}/\bar{R}_j)(P_G - P_G') + c\sum_{j=1}^{n} P_G' +$$

$$qcS_{tc} + cpt_c \sum_{j=1}^{n-q} (1 - (\bar{E}_{cj}/\bar{R}_j))(P_G - P_G') \qquad (7-23)$$

根据修正的 Gash 模型模拟计算树干径流量和穿透雨量（Limousin et al.，2008）：

$$\sum_{j=1}^{q} SF_j = cp_{tc} \sum_{j=1}^{q} (1 - (\bar{E}_{cj}/\bar{R}_j))(P_G - P_G') - qcS_{tc} \qquad (7-24)$$

$$\sum_{j=1}^{n+m} TF_j = \sum_{j=1}^{n+m} P_G - \sum_{j=1}^{n+m} I_j - \sum_{j=1}^{q} SF_j \qquad (7-25)$$

公式(7-17)到(7-25)中各参数所代表的意义和单位见表7-3。

表7-3　公式中各参数代表意义及单位

降雨数据指标

P_G	林外降雨量(mm)	P_G'	林冠饱和状态下的降雨量(mm)
TF	穿透雨量(mm)	SF	树干径流量(mm)
$\bar{E}$	饱和状态下林冠的平均蒸发速率(mm/h)	I	林冠截留量(mm)
n	林冠达到饱和的降雨次数	m	林冠未达到饱和的降雨次数
q	产生树干径流的降雨次数	P_t	为树干径流系数
$\bar{E}_c$	单位覆盖面积的平均蒸发速率(mm/h)	$\bar{R}$	平均雨强(mm/h)

林木指标

S	林冠持水能力(mm)	S_t	树干持水能力(mm)
c	郁闭度	S_{tc}	单位覆盖面积树干持水能力(mm)

气象指标

T	空气温度(℃)	λ	水的汽化潜热(J/g)
r_a	空气动力阻力(m/s)	D	饱和水气压差(hPa)
u	冠层上方2m处风速(m/s)	u_0	测定点风速(m/s)
P	大气压强(hPa)	R_n	大气净辐射(w/m^2)
c_p	空气在常压下的比热值(1.0048J/(g·℃))	ρ	空气密度(g/m^3)
RH	空气相对湿度(%)		

7.1.4.4　冗余分析（RDA）

一种常用的排序方法，将对应分析与多元回归分析相结合，每一步计算均用环境因子进行回归分析，在同一个图上体现出研究对象及其与环境因子的关系并对其进行排序（李然然等，2014）。本文采用 RDA 分析对研究区产流产沙影响因子进行排序，以分析得出地表产流产沙变异的主控影响因素。RDA 分析需要分别建立径流量和产沙量与环境因子的数据库矩阵。环境因子的数量根据实际情况，选择研究区内影响产流产沙结果的叶面积指数、大气降雨量、林内降雨量、树干径流量、林冠截留量、降雨历时、降雨强度、雨滴个数、雨滴大小、雨滴终速度、雨滴动能、穿透雨动能、林冠截留动能相关环境因子。为避免变量冗余，在进行排序时第一步使用前向选择法选定一组代理变量进行分析，并且用 Monte Carlo 检验法检验代理变量与产流产沙值是否存在显著相关性，第二步再筛选出显著影响的主要环境因子并对其进行 RDA 排序。

采用 Excel 软件对数据进行预处理，使用 SPSS19.0 对数据进行描述性分析；应用 CANOCO 4.5 软件包完成 Monte Carlo 检验、forward 分析、RDA 排序；结合两者分析方法筛选出影响研究区产流量和产沙量的主控因素，减少了只用相关性代表简单因果关系而引起的判断错误，使影响因子的排序分析结果更为准确。

7.1.4.5　地统计分析

（1）本研究先利用 SPSS 19.0 软件进行单样本的 Kolomogorov – Smironoy（K – S）正态分布检验及基本的统计分析，检验结果表明常绿阔叶林林内穿透降雨率数据基本都符合正态分布，因此不用进行数据转换，可以直接进行地统计学分析。

（2）半方差函数分析，用于半方差分析的公式为：

$$\gamma(h) = \frac{1}{2n(h)} \sum_{i=1}^{n(h)} \left[z(x_i) - z(x_{i+h}) \right]^2 \qquad (7-26)$$

式中：$\gamma(h)$ 为半方差函数值，$z(x_i)$ 代表观测点 Z 在 x_i 处的穿透雨率；$z(x_{i+h})$ 代表与 x_i 相隔距离为 h 处样点的穿透雨率；$n(h)$ 为距离为 h 时的穿透雨观测点对的数目，h 为观测点即雨量筒的间距。研究中需要注意的是半方差函数的有效性仅局限在其最大间距的 1/2 内（瞿明凯，2012）。在该研究中，能较好地拟合穿透雨的半方差函数的适用模型是球形模型。

在地统计半方差函数分析中，块金值（C_0）表示当区域化变量在小于抽样尺度时呈非连续的变异时，其值由区域化变量的属性或测定误差决定，它表示随机变异的大小；基台值（$C_0 + C$）表示系统内总的变异，一般情况下，基台值越大表示总的空间异质性程度越高，反之越小（陈卫锋等，2012）；变程 a 表示当变异函数达到基台值时的间隔距离称为变程，它表示当样本间距等于大变程以后，区域化变量的空间相关性消失（王晓燕，2006）。

本研究利用的是 Arcgis10.2.2 软件的地统计分析模块中的简单 Kriging 插值方法绘制出穿透降雨率的空间插值图。

7.2　常绿阔叶林降雨再分配特征

7.2.1　研究期间的天然降雨特征

为了研究磨盘山的降雨特征，按无雨时间间隔超过 6 h 就把降雨划分为两场雨，对 2016 年和 2017 年收集的 5—9 月的降雨数据进行整理分析（表 7-4），两年的降雨总量为 1644.7 mm，2016 年和 2017 年降雨总量分别为 741.7 mm、903 mm，对降雨总量的贡献值分别为 45%、55%，2017 年降雨量比 2016 年降雨量多 161.3 mm。2016 年和 2017 年降雨都多集中在 6—9 月期间，2016 年 6—8 月的降雨量最大对该年降雨总量的贡献率分别为 29%、27.73%，2017 年 7—8 月产生的降雨量对本年的降雨总量贡献率分别达到 30.34%、25.43%。从降雨强度来看，2016 年的平均降雨强度为 12.22 mm/h，2017 年的平均降雨强度为 18.98 mm/h，2017 年的平均降雨强度明显大于 2016 年的降雨强度。

表 7-4 2016 年和 2017 年 5—9 月降雨特征

年份	月份	总降雨场次	降雨历时（h）	降雨量（mm）	平均降雨强（mm/h）	最大雨强		
						I_{10}（mm/h）	I_{30}（mm/h）	I_{60}（mm/h）
2016	5	5	11.42	52.7	4.62	65.4	38.4	17.6
	6	10	17.2	216.2	12.57	72.3	68.7	43.2
	7	17	12.35	191.3	15.49	106.0	62.1	31.5
	8	16	14.55	205.7	14.14	51.0	30.8	19.6
	9	4	5.2	75.8	14.58	58.0	32.1	16.7
2017	5	6	3.82	59.0	15.46	87.6	33.6	18.2
	6	17	8.03	190.4	23.70	87.6	73.6	57.2
	7	16	13.25	274.0	20.68	114.0	59.2	29.7
	8	11	13.73	229.6	16.72	54.0	33.4	21.9
	9	12	8.18	150.0	18.33	66.0	38.16	19.61
合计	—		411	107.73	1644.7	—	—	—

分别对 2016 年 52 场和 2017 年 62 场降雨进行每月的降雨量和降雨频率进行分析（图 7-6），从图上可以直观地看出 2016 年和 2017 年日最大降雨量分别发生在 6 月和 7 月。2016 年 6 月降雨场数最多，而 2017 年降雨多集中在 6 月和 8 月，虽然 8 月的降雨次数没有 6 月多，但是从降雨总量来看 8 月降雨总量 229.6mm 大于 6 月 190.4mm，8 月的总降雨历时比 6 月多近一倍，可知 8 月降雨多是历时较长雨量较小的降雨，而 6 月多是历时短降雨量大的强降雨天气。2016 年日最大降雨量从 5—9 月变化较大，而 2017 年中 6 月最大，而 7、8、9 月的日最大降雨量值差别不大。

对 2016 年和 2017 年不同降雨量级降雨事件的频率进行 One-way ANOVA 分析，结

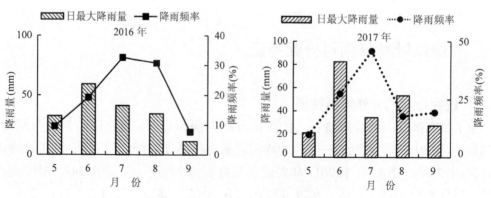

图 7-6 2016 年和 2017 年 5—9 月日最大雨量和月降雨频率特征

果表明不同降雨量级之间，降雨所发生的频率值具有显著差异（$P < 0.05$）。从图 7-7 可以看出，雨量级 < 10mm 的降雨多发生在 2016 年的 7 月和 2017 年的 6 月，其次是 2016 年的 8 月和 6 月，2017 年的 7、8、9 月的 < 10mm 的降雨频率值差不多，分别为 9.68%、9.67%、11.29%。雨量级 ≥ 10mm 的降雨多发生在 2016 年的 8 月发生比率达到 17.31%，其次是 7 月、6 月和 5 月，发生比率分别为 13.46%、11.54%、7.69%，频率最低的为 9 月，发生比率为 1.92%。2017 年间雨量级 ≥ 10mm 的降雨事件多发生在 7 月、8 月和 6 月，发生比率分别为 16.13%、8.06% 和 8.05%。

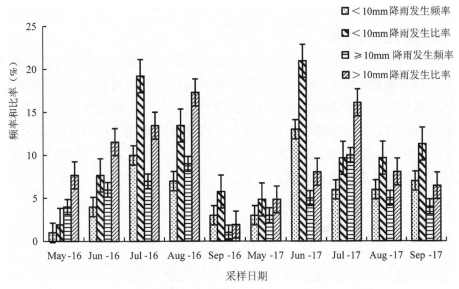

图 7-7　不同雨量级降雨事件发生的频率及其所占比率特征

　　2016 年和 2017 年的总体降雨事件进行雨量级的划分比较，图 7-8 表示随着雨量级的增大降雨事件的发生频率逐渐呈下降的趋势，2016 年和 2017 年两年间 0~4.9mm 的降雨量级发生的降雨事件频率最高，分别达到总降雨次数的 36.54% 和 32.26%。2016 年中 10~19.9mm 和 40~49.9mm 的降雨事件发生频率高于 2017 年。30~39.9mm 和 50~59.9mm 雨量级的降雨事件在这两年的研究期间发生的频率基本一致。

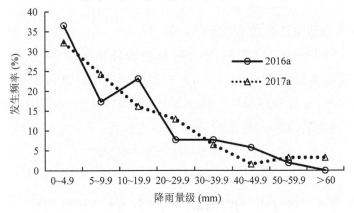

图 7-8　2016 年和 2017 年降雨量级特征分析

2016 年和 2017 年研究期间的所有降雨事件中最小降雨量值分别为 1.2mm（2016 年 7 月 24 日第 23 场降雨）、0.4mm（2017 年 6 月 11 日第 7 场降雨），最大降雨量值分别为 90.4mm（2016 年 8 月 17 日第 48 场降雨）、80.4mm（2017 年 6 月 20 日第 14 场降雨）。总体而言，降雨量 < 25mm 左右的降雨发生频率占总降雨次数的绝大部分。大于50mm 降雨量的降雨事件发生频率较低，2016 年和和 2017 年所占比率分别为 1.92%、6.45%，当场降雨降雨量达 60mm 以上的降雨事件 2017 年发生了 4 次，2016 年未发生。

7.2.2 林内穿透降雨特征

于 2016 年和 2017 年雨季分别用研究区 9 个雨量筒收集的林内总降雨量和雨量筒布设离树干的距离数据作图（图 7-9）显示出雨量筒的离干距离长短和收集到的降雨量大小并无明显规律，可能原因是收集到的穿透雨量大小还受雨量筒所处位置上方的叶面积、林分郁闭度、冠层厚度等因素的影响。因此研究穿透降雨特征时需在样地布设9 个雨量筒，用于收集穿透降雨量数据最后用其平均值来反应整个研究区的穿透雨特征，其反应的结果才更加真实可靠。

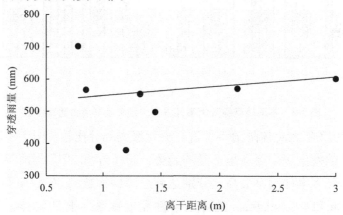

图 7-9　林内穿透雨量和雨量筒离干距离关系

7.2.2.1　2016 年穿透雨及穿透雨率变化特征

2016 年生长季（6—9 月）常绿阔叶林总穿透降雨量为 443.7mm，占降雨量的64.41%，平均穿透雨变异系数为 44.7%。将研究期间的穿透雨数据与大气降雨量进行线性回归（图 7-10）。研究区林内穿透雨量是随降雨量的增加而增加的，两者关系极显著，林分的穿透雨量（TF）与降雨量（P_G）关系方程为：

$$\begin{cases} TF = 0.6634(P_G) - 4.5685 \\ R^2 = 0.9776 \end{cases} \qquad (7-27)$$

该林分内的穿透雨率（TF_0）与降雨量（P_G）之间属对数函数关系，关系方程为：

$$\begin{cases} TF_0 = 0.1762\ln(P_G) - 0.1406 \\ R^2 = 0.9794 \end{cases} \qquad (7-28)$$

随着降雨量的增加，林冠对降雨截留的容重逐渐增加，最后达到该林分的林冠截留容重饱和值。从图 7-10 看出此饱和值为降雨量达到 50mm 时出现，因此当降雨量小于 50 mm 时，穿透雨率是随降雨量的增加而增大的，但在降雨量超过 50mm 后，这种增加的趋势逐渐变缓并最后稳定在 68% 左右。

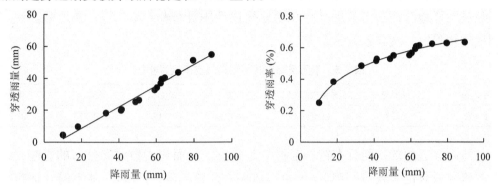

图 7-10　2016 年常绿阔叶林植被的穿透雨量和穿透雨率随降雨量的变化特征

7.2.2.2　2017 年穿透雨及穿透雨率变化特征

研究期间常绿阔叶林总穿透降雨量为 562.9 mm，变异系数为 75.54%，占降雨量的 56.62%，平均穿透雨率为 52.68%。将研究期间的穿透雨数据与大气降雨量进行线性回归（图 7-11）。研究区林内穿透雨量和降雨量两者关系极显著（$p < 0.01$），一者随另一者的增加而增加，林分的穿透雨量（TF）与降雨量（P_G）关系方程为：

$$\begin{cases} TF = 0.6342(P_G) - 1.059 \\ R^2 = 0.9496 \end{cases} \qquad (7-29)$$

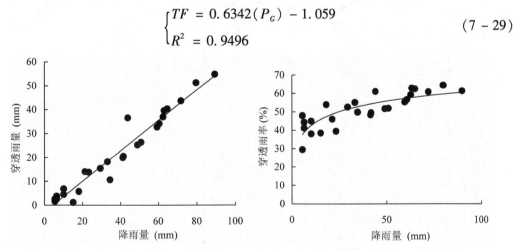

图 7-11　穿透雨量及穿透雨率与大气降雨的关系

该林分内的穿透雨率（TF_0）与降雨量（P_G）之间用对数函数关系进行拟合时，得到的拟合效果更接近，关系方程为：

$$\begin{cases} TF_0 = 8.2036\ln(P_G) + 23.678 \\ R^2 = 0.6719 \end{cases} \qquad (7-30)$$

从图 7-11 看出此饱和值为降雨量达到 62 mm 时出现，因此当降雨量小于 62 mm 时，穿透雨率是随降雨量的增加而增大的，但在降雨量超过 62 mm 后，这种增加的趋势逐渐变缓并最后稳定在 63% 左右。

7.2.2.3 样地叶面积指数与穿透雨率关系分析

通过对样地叶面积指数进行空间变异描述性统计分析（表 7-5），样地叶面积指数空间变化较稳定，变异系数为 5.7%。

表 7-5 不同观测点叶面积指数空间变异特征

平均值	标准差	变异系数(%)	最小值	最大值	峰度	偏度
3.872	0.22	5.7	3.49	4.12	0.717	-0.308

林地内穿透雨的空间分布在一定程度上会受到叶面积指数空间分布的影响，许多学者的研究成果也一致表明（Dijk et al., 2001；余长洪等，2015），林木的叶面积指数对林冠层降雨截留和穿透降雨的空间分布存在着显著影响，但实际上影响穿透雨率大小的自然因素还有很多。因此仅仅只是用叶面积指数的空间变异对穿透雨率的变化结果进行分析的可行性是有一定的局限性的。本文利用 Excel 对不同降雨量时的降雨穿透率结合对应的观测点上面的叶面积指数进行综合分析并作图，图 7-12 表明降雨量较

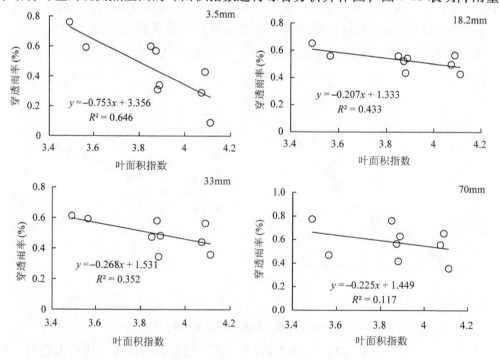

图 7-12 不同降雨量条件下时穿透雨率和叶面积指数的线性关系

小时叶面积指数与穿透雨率两者之间关系极显著；枝叶对大气降雨的截留效果较明显，从而使穿透雨的空间差异较小。然而，随着降雨量增大，图中明显看出两者的相关性逐渐减弱，枝叶对降雨的截持作用逐渐减小，使得穿透降雨空间差异变大。

7.2.2.4　降雨量与穿透雨量空间分布

林冠下的穿透雨量受多方面条件的综合影响，目前研究较多的因素包括降雨量大小、风向、风速、空气湿度、树形结构等（张焜等，2011；段旭等，2010；王栋等，2007）。利用的是 Arcgis10.2.2 软件的地统计分析模块中的简单 Kriging 插值方法绘制出样地中不同降雨量时林内穿透雨量的空间分布图（图 7-13）。可以看出林下穿透降雨呈明显的斑块或条带状分布，穿透雨量高值区和低值区差异显著。造成这种分布的可能因素包括风向、林木结构、样树叶面积大小、林分密度、降雨量大小、观测点距主树干（乔木）的水平距离等。当然不同风速、风向、空气相对湿度对测定结果会存在一定的影响，如果不同降雨量时风向或风速差别较大，则林下雨量筒测定结果就不能代表对应的冠层结构特征，会导致分析结果产生偏差。而本研究对象为常绿阔叶林的样地面积只有 20m×20m，每场降雨期间林地的风速和风向（主要是西南风）基本是一致的。此外，样地 6m 外有 4m 宽的长流水。加之磨盘山在雨季期间基本上都是阴天林内雾气很重，空气相对湿度基本上都处于饱和状态，因此排除了风速和风向及空气相对湿度三个气象因子对测定结果的影响，主要从叶面积大小、降雨量及林分郁闭度三个方面进行探讨其空间变异原因。

（1）图中左下角的位置明显穿透降雨量比其他位置穿透降雨量值高，此位置为样地中 7 号雨量筒的分布位置。结合样地的实际情况来看，此位置上方的林木郁闭度及叶面积指数较其他位置低，并且该观测点距离最近的乔木比其他观测点遥远，大气降雨通过林木上方枝干时只能被截留下来少部分就落到观测点中的雨量筒内。因此对大气降雨的截持能力相比其他地方较弱，最后到达林内的穿透降雨量最多。反之位于左上角的 1 号雨量筒所观测到的林内穿透降雨量最小，原因也与 1 号雨量筒上方的林木结构有关。此分析结果与李振兴、郑华等（李振新，2004）对岷江冷杉针叶林下穿透降雨空间分布特征的研究结果是一致的。此外，6 号观测点位于样地的西南方的下坡向，地势较其他观测点的低，并且降雨期间磨盘山多吹西南风，因此这也是 6 号观测点的林内降雨比其他观测点林内降雨量多的原因。

（2）研究期间观测的 12 场降雨，其中不同降雨量（33～89.2mm）对林下穿透雨量存在明显的影响。从样地中的各个观测点来看，随着降雨量的逐渐增大，林木对降雨的截留量存在逐渐增大后逐渐减小再趋于稳定的趋势。说明当降雨量较小时，各观测点林木对大气降雨的截留量差异较明显；但降雨量逐渐增大到一定值后（本研究中是 50.8mm），各观测点对大气降雨的截留规律趋于稳定，各观测点的林内穿透雨量差异逐渐减小，最后趋于稳定。此研究结果与时忠杰等（2006）在关于单株华北落叶松

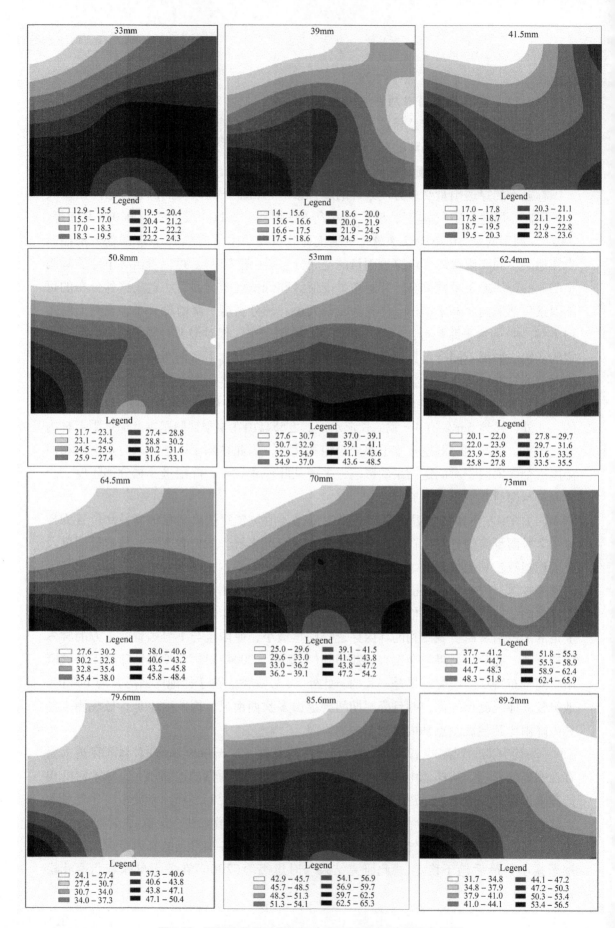

图 7-13　不同降雨量时常绿阔叶林下穿透雨的空间分布格局

（*Larix principis-rupprechtii*）树冠穿透降雨的空间异质性这一研究中得到的结果是一致的。

（3）通过对林内穿透降雨的半方差函数进行分析其结果表明，林下穿透雨率的空间异质性是随着降雨量的增大而减弱。并且随机因素对穿透雨率的影响随降雨量增大而显得越来越重要，再结合林木冠层及枝干结构对林内穿透雨也存在不同方向上的影响，各方向的空间异质性不同，但由于受影响的因素较多，很难将这些因素都统一结合起来找出空间异质性规律，只能把相关的一个及两个以上因素结合起来（例如统一的气象因素或统一的林分结构因素等），来讨论这些相关因素对林内穿透降雨的影响规律。通过对常绿阔叶林样地 9 个观测点的林内穿透雨量值结合不同大气降雨量值进行 Kriging 插值，结果表明雨量较小时各观测点林内穿透雨的大小分布与观测点上方的林木结构有密切关系，雨量较大时穿透降雨的分布更随机，规律性较小，受其他随机因素影响更多。此结论与第 2 条结论是一致的，两者存在一定的相关性。

7.2.3　树干径流特征

树干径流的产生途径有二：一是枝叶上拦截的降雨汇集到树干而流下；二是雨滴直接滴落到树干上，加湿树干产生树干径流。树干径流能补充树根周围水分，也会引起林下水分的分布不均，具有非常重要的水文功能（赵鸿雁等，2002）。研究期间，常绿阔叶林树干径流总量为 16.9 mm，占总降雨量的 1.7%，树干径流率的变异系数为 76.64%；虽然树干径流量只占总降雨量的很小一部分，但对降雨的再分配起非常显著的作用，它能够增加林基水分，同时也能增加林分的养分。因此，研究树干径流量在林分对降雨再分配作用具有重要意义，不应忽略。如图 7-14 可知，在研究期间林分的茎流率变化幅度比较明显。树干径流量（SF）和降雨量（P_G）间相关性极显著，关系方程分别为：

$$\begin{cases} SF = 0.0185(P_G) - 0.0556 \\ R^2 = 0.9933 \\ P < 0.01 \end{cases} \qquad (7-31)$$

随着降雨量的增加，树干径流量均呈增大的趋势。树干径流率（SF_0）和降雨量（P_G）间均呈显著地对数函数关系，关系方程为：

$$\begin{cases} SF_0 = 0.4791\ln(P_G) - 0.1484 \\ R^2 = 0.8025 \\ P < 0.01 \end{cases} \qquad (7-32)$$

当降雨量 < 23.2mm 时，树干径流率随降雨量的增加急剧增大，当降雨量 > 29.3mm 时，树干径流率增大的趋势变缓，趋于稳定，稳定在 1.07% 左右。根据树干径流量和降雨量的线性回归方程在 X 轴的截距经计算得出为 6.31 mm，表明当降雨量大于 6.31 mm 时，常绿阔叶林才会产生树干径流。

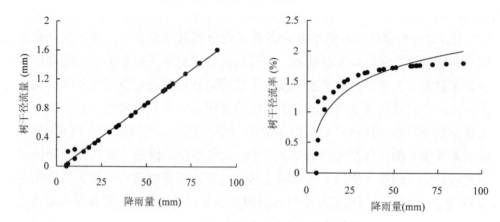

图7-14　树干径流量、茎流率与降雨量特征

7.2.4　林冠截留特征

7.2.4.1　降雨量与林冠截留量关系分析

研究期间，常绿阔叶林的林冠截留总量为406.4 mm，占同期降雨总量的40.88%。林冠截留量随着林外降雨量的增加而逐渐增大，在降雨量 >65 mm 后，增大的幅度逐渐变缓，林冠截持容量达到饱和。饱和后林冠截留量随林外降雨量的增加有微弱下降的趋势，可能原因与研究区降雨特征，如遇上降雨强度较大降雨历时较短降雨量较大的降雨天气时林冠和树干对降雨的截留效果不如降雨强度小降雨历时长时的降雨天气，降雨历时长降雨量小时截持在枝叶及树干上的雨滴未进入到收集装置（雨量筒和树干径流收集筒）内就被蒸发了造成截留量的一部分损耗，导致最终截留总量有所下降；还可能与当时降雨气象特征有关，如遇上风速较大的暴雨天气时，林冠层对大气降雨的截留效果会明显下降，一部分降雨未经过冠层通过林窗的地方直接刮落到布设好的雨量筒内，导致收集到的林内穿透雨总量增多而林冠截持的雨滴数量减少，因此即使饱和后随着降雨量的增大林冠截留量会产生微弱的下降趋势。

作图7-15对降雨量和截留量进行曲线拟合时得出三次多项式拟合效果最佳（$P <$ 0.01），此结果与柴汝杉等（2013）对小兴安岭原始红松林的拟合结果相似。常绿阔叶林的林冠截留量（I）与降雨量（P_G）的关系方程为：

$$\begin{cases} I = 2E - 0.5(P_G)^3 - 0.0018(P_G)^2 + 0.5833(P_G) - 0.5203 \\ R^2 = 0.9221 \end{cases} \quad (7-33)$$

从图上可以看出，降雨截留量不是恒定不变的，截留量随降雨量的变化而变化，此过程是一个动态变化的过程（党宏忠，2008）。从得到的函数关系对 x 轴进行截距计算得出研究期间只有当 $P_G >0.52$ mm 时，常绿阔叶林林冠层才对降雨产生一部分的截留效果，说明 $P_G \leq 0.52$ mm 时能被林冠层全部截留。当 5.4 mm $\leq P_G \leq 63.2$ mm 时，林冠截留量随降雨量的增大呈现出明显的增大趋势，当 $P_G \geq 64$ mm 时截留量随降雨量的增大逐渐减缓。说明截留量也并不是随着降雨量的增大会呈现出无限增大的趋势，此过程中增大的空间是有限的，分析增大空间受限制的可能原因有降雨历时长短、降雨雨强、降雨时空气湿度、温度等原因，因此，下一步探讨降雨强度对截留效果的影响做相关的分析说明。

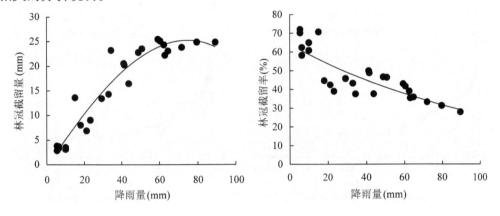

图 7-15　林冠截留量、截留率与降雨量特征

而林冠截留率 (I_0) 与降雨量 (P_G) 的关系方程用指数函数拟合效果最佳为：

$$\begin{cases} I_0 = 64.164e^{-0.009(P_G)} \\ R^2 = 0.73 \end{cases} \tag{7-34}$$

随着林外降雨的增加而呈指数形式减小。在研究期间，林冠截留率变化范围为 27.85% ~ 72.01%，当降雨量为 5.42 mm 时林冠截留率达到最大值 72.01%，之后随着降雨量的增大截留率减小，降雨量为 89.28 mm 时截留率最小为 27.85%。

7.2.4.2　降雨强度与截留率关系分析

林冠截留率受多个气象因子的综合影响，但降雨特征对其影响最为直接，其中降雨强度这一因素的作用最为明显（张焜等，2011）。因此根据自计雨量筒收集的降雨数据，计算出研究期间 5 min 中最大雨强，10 min 中最大雨强，15 min 中最大雨强，30 min 中最大雨强，60 min 中最大雨强以及平均雨强对应的林冠截留率。

通过折线散点图（图 7-16）能直观地表现出林冠截留率均随着降雨强度的逐渐增大而减小；图 7-16（a）的数据显示研究期间各降雨事件中 5 min 最大雨强增大时，当雨强 I5 ≤ 2 mm/h 时，林冠截留率达到 100%，说明降雨强度过小常绿阔叶林的林冠层几乎能截留所有大气降雨，林内基本上不会产生穿透降雨，只有当雨强足够大时才可能产生林内穿透雨，当 I5 ≤ 26.4 mm/h 时林冠截留率呈现出急剧下降的趋势，截留率从 100% 下降到 48.2%，急剧减小了一半左右，当 I5 > 36mm/h 时下降的速率减缓，I5 = 108 mm/h 时，截留率趋于稳定，稳定在 10.5% 左右。

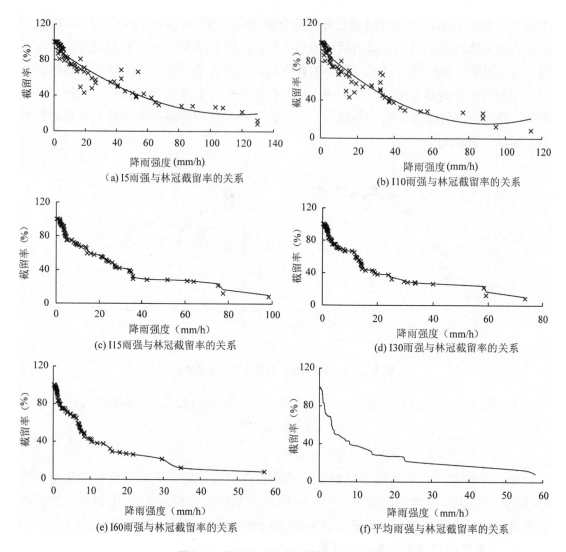

图 7-16　降雨强度与林冠截留率变化特征

　　对比图 7-16 中的 6 个小图在同样的降雨量条件下，随着划定的最大雨强时间 （5min、10min、15mion、30min、60min 到平均雨强）增大，雨强峰值也逐渐减小依次为 129.6 mm/h、114 mm/h、98.4 mm/h、73.6 mm/h、57.2 mm/h、55.1 mm/h，随之变化的林冠截留率的减缓趋势更为明显，减缓时对应的雨强值分别为 36 mm/h、33.6 mm/h、27.2 mm/h、36 mm/h、29.6 mm/h、15.98 mm/h。但从总体的变化趋势来说，雨强对林冠截留率存在负相关性，说明降雨强度较小时，林冠层几乎能截留所有的降雨量，雨强较大时，雨滴在短时间能对冠层的冲击作用极强，林冠只能截留极少部分的大气降雨，不同时间段得到的林冠截留最小值为 8.5% 左右，所以 91.5% 的大气降雨直接作用于林地表面，这也是短时间较大雨强天气下林地容易发生水土流失的重要原因之一。但从降雨平均雨强数据来看，研究区 2017 年雨季内出现极值的降雨天气日数较少(6 月 24 日雨强为 23.4 mm/h、7 月 29 日为 55.1 mm/h、8 月 17 日为 13.9 mm/h、9 月 7 日为 31.2 mm/h),因此在此降雨条件下,常绿阔叶林冠层对大气降雨的截留效果还是比较明显的,更进一步说明研究区的林木在当地对水土保持及水源涵养发挥着极其重要的生态作用。

7.2.5 基于修正的 Gash 模型模拟降雨截留

7.2.5.1 林冠截留模拟值与实测值分析

(1)修正的 Gash 模型参数确定

本研究中林冠枝叶部分持水能力(S)值由 Leyton(1967)的方法来确定,即依据穿透雨量与降雨量的回归方程,在 $TF=0$ 时,P_G 的值为 S,由图 7-16 拟合得到的方程式得出 $S=1.67$。而单位面积林冠的持水能力($Sc=S/c$)值,研究区林分郁闭度的均值 $c=0.91$,因此 $S_c=1.83$。Pt 和 St 由树干径流量和降雨量的函数关系确定(图 7-17),Pt 为两者函数关系中的斜率 $Pt=0.0185$,St 为截距负值 $St=0.0556$。根据研究期间的气象、数据得出 $\bar{E}=0.29$ mm/h,根据研究期间的降雨数据求出平均降雨强度 $\bar{R}=2.7$ mm/h,根据公式可求出 $P'_G=3.97$ mm。

(2)林冠截留模拟分析

研究期间,磨盘山常绿阔叶林穿透雨量为 562.9 mm,树干径流量为 16.9 mm,林冠截留总量为 406.4 mm。根据修正的 Gash 模型计算公式得出三者相对应的模拟值为 548.63,21.75,403.28 mm(表 7-6)。模拟的林冠饱和期产生的树干径流量比实测值高 4.85 mm,22.29% 的相对误差,可能与研究区常绿阔叶林林冠层厚度大,胸径大,降雨期间气温高林内蒸发量大有关,所以实测值低于模拟值。此外,可能还与研究区内树木径级不同,产生树干径流的时间不同,个别单株样树在树干持水量达到林地平均蓄水量时并没产生树干径流量(郭明春等,2005)。总穿透降雨量基于模型得到的模拟值比实测值小 14.27,相对误差为 2.6%。林冠截留总量实测值比模拟值高 13.12,

表 7-6 应用修正的 Gash 模型计算的模拟值与实测值的对比

指标	实测值	模拟值
林冠加湿期 $P_G < P'_G$(mm)	—	2.97
林冠饱和期 $P_G > P'_G$(mm)	—	46.71
降雨过程中蒸发量(mm)	—	68.9
降雨结束后蒸发量(mm)	—	25.81
林冠加湿期树干径流量(mm)	—	8.03
林冠饱和期树干径流量(mm)	16.9	21.75
总穿透雨量(mm)	562.9	548.63
林冠截留总量(mm)	406.4	393.28

相对误差为 3.34%。总体来看运用修正的 Gash 模型得到的模拟值和实测值相差不大。基于模型模拟得到的降雨过程中的蒸发量比降雨结束后的蒸发量高 43.09，占总模拟蒸发量的 45.5%，可能主要原因与降雨期间的林内湿度和气温有关，还与计算该值时模型采用的两场降雨间隔时间大于 8 h 有关，较长的降雨场次间隔时间和较长的降雨历时导致降雨过程蒸发时间长，并且降雨过程中林地湿度较大，遇到暴雨天气研究区多会伴随风速较大的气象环境，基于这些气象原因最终导致模型计算得出的降雨过程中蒸发量比降雨结束后的蒸发量高出近一倍左右。

通过模型计算得出的模拟值和研究期间得到的林冠截留量实测值作对比图（图 7-17），实测值与模拟值两者的最大差值为 6.33 mm，最小差值为 0.95 mm，标准偏差为 4.18 mm，相对标准误差为 1.53%。可以推测出修正的 Gash 模型对中亚热带地区常绿阔叶林单场次降雨截留模拟效果较好，该模型适用于研究区。

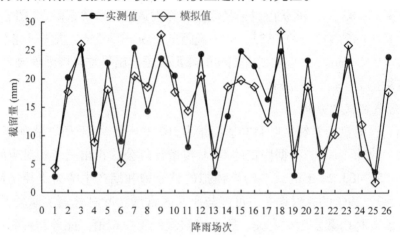

图 7-17 观测期间 26 场降雨林冠截留量实测值与模拟值对比

7.2.5.2 模型参数敏感性分析

通过以往学者对于修正的 Gash 模型运用研究的相关报道中，模型中相关参数的变化会引起林冠截留量大小的变化（Link et al.，2004；赵洋毅等，2011；高婵婵等，2015；何常清等，2010）。因此，为了提高模型模拟结果的精度，对参数变化进行敏感性分析。

本文选取 6 个参数 c、$\bar{R}$、$\bar{E}$、S、St、Pt 进行敏感性分析（图 7-18），经分析得出参数在 −50% 到 50% 的变化过程中对林冠截留率的影响排序为：$c > \bar{R} > S > \bar{E} > St > Pt$。林冠截留率对参数林冠郁闭度 c 的变化最为敏感，参数 c 每增加 10%，林冠截留量模拟值增大 6.28%，参数 $\bar{R}$ 每增加 10%，模拟截留值减小 1.81%，其余参数 S、$\bar{E}$、St、Pt 每增加 10%，模拟值分别增大 1.09%、0.54%、0.12%、0.05%。因此，对修正的 Gash 模型各参数进行敏感性分析得出除了平均降雨强度 $\bar{R}$ 这一参数与林冠截留量模拟值产生负相关性的影响外，其余 5 个参数产生的影响均成正相关性。

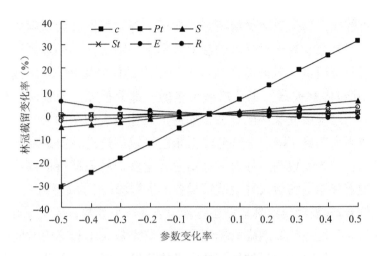

图 7-18　修正的 Gash 模型相关参数敏感性分析

研究期间常绿阔叶林林冠截留量达降雨总量的 40.88%，比已报道的其他林型（11.4% ~36.5%）略高一点（柴汝杉等，2013），与研究期间该区域的降雨强度及降雨量、蒸发量等气象因子和林木的冠层厚度、郁闭度等林木结构有关。不同林分类型及树种产生穿透雨的降雨要求不同，本研究中当降雨量为 1.7mm 时产生穿透雨，与柴汝杉（2013）研究的小兴安岭原始红松降雨量为 3.8mm 时产生穿透雨的降雨量值小，而比李淑春（2011）研究的油松蒙古栎混交林 1.34 mm 降雨值略大。本研究当降雨量大于6.31 mm 时产生树干径流，与同位于磨盘山国家森林公园内的云南松林 6.7 mm（Cao et al.，2017）结论相似，比刘效东（2016）研究的南亚热带季风常绿阔叶林产生树干径流的降雨临界值 4.15 mm 较高。穿透雨和树干径流量随着降雨量的增加有逐渐增大的趋势与诸多学者研究结果相似（高婵婵等，2015；王艳萍等，2012；赵洋毅等，2011；何常清等，2010）。

研究期间的树干径流量较少，可能原因有常绿阔叶林冠层厚度大且冠幅较宽，当雨滴经过林冠层时直径汇集成大雨滴降落，只有较少的穿透雨流经树干到达地面形成树干径流；另外还可能由于常绿阔叶林胸径较大，冠层下树高较高，形成的少量树干径流还未到达地面由于风和空气湿度低等气象原因就蒸散到空气中。

当降雨量大于 0.52 mm 时，常绿阔叶林林冠层才对降雨产生一部分的截留效果，说明降雨量小于 0.52 mm 时能被林冠层全部截留。与同研究区不同树种华山松林的研究结果：降雨量小于 0.3 mm 时被林冠层全部截留（曹向文等，2017），这一结论存在较小的差异，可能原因是华山松的松针细而短小，枝干不如常绿阔叶林的繁茂，对降雨截留的效果自然不如常绿阔叶林的林冠层，因此常绿阔叶林的林冠层对降雨全部截留的阈值比华山松林的大，截留效果更为明显。

林冠截留量随着林外降雨量的增加而逐渐增大，在降雨量 >65 mm 后，增大的幅度逐渐变缓，林冠截持容量达到饱和。饱和后林冠截留量随林外降雨量的增加有微弱下降的趋势，可能原因与研究区降雨特征，如遇上降雨强度较大降雨历时较短降雨量较大的降雨天气时林冠和树干对降雨的截留效果不如降雨强度小降雨历时长时的降雨天气，降雨历时长降雨量小时截持在枝叶及树干上的雨滴未进入到收集装置（雨量筒和树干径流收集筒）内就被蒸发了造成截留量的一部分损耗，导致最终截留总量有所下降；还可能与当时降雨气象特征有关，如遇上风速较大的暴雨天气时，林冠层对大气降雨的截留效果会明显下降，一部分降雨未经过冠层通过林窗的地方直接刮落到布设好的雨量筒内，导致收集到的林内穿透雨总量增多而林冠截持的雨滴数量减少，因此即使饱和后随着降雨量的增大林冠截留量会产生微弱的下降趋势。

运用修正的 Gash 模型研究林冠截留量涉及较多气象参数，要得到好的模拟结果首先需要尽可能最大程度地获取准确的模型参数。蒸发量大小和降雨时间间隔长短能明显影响模拟结果，如果时间间隔过长，林内平均蒸发速率 $\bar{E}$ 误差增大，若间隔时间过短，林冠未达到足够干燥，不满足模型的使用要求，因此降雨时间间隔应根据研究区的具体气象条件来确定。不同学者针对不同研究区划分降雨场次的时间间隔各有不同，何常清等（2010）对川滇高山栎林根据蒸发量（0.16 mm/h）将降雨时间间隔分别划分为 6 h 和 8 h 进行研究，得出 8 h 时间间隔得到的模拟数据很精确。Wallace 等（2008）将降雨时间以 5 h 为间隔研究 Daintree 国家公园（平均蒸发速率 0.24 mm/h）得出的模拟值更理想。本研究区雨季期间多处于多雾天气，相对空气湿度较大，为91%，平均蒸发速率为 0.14 mm/h 比上述两研究更小，因此，本研究用 8 h 作为两场降雨的时间间隔得出的拟合效果更精确。

本研究中利用修正的 Gash 模型得到的模拟值和实测值之间存在一定的差值，针对单场降雨的林冠截留量模拟值与实测值也存在相对误差，不同学者针对不同地区得出的模拟值与实测值差异也各有高低。本研究中实测值与模拟值两者的最大差值为 6.33 mm，最小差值为 0.95 mm，相对于小兴安岭原始红松林（柴汝杉等，2013）（最大差值4.84 mm，最小差值 0.7 mm）的研究结果来说差值范围更大。何常清（2010）和赵洋毅等（2011）得出修正的 Gash 模型更适合拟合小雨条件下的林冠截留量，而本研究中小雨和个别大雨的模拟值和实测值都较接近，与柴汝杉学者（2013）的结论相似，而高婵婵等（2015）对于青海云杉林研究得出不管在何种时间尺度下，模拟值都偏小的结论。说明不同林分类型和降雨强度都会影响单场降雨林冠截留模拟值的大小。

对模型中相关参数 c、Pt、S、St、$\bar{E}$、$\bar{R}$ 进行敏感性分析，参数林冠郁闭度 c 对林冠截留量的模拟值影响最大，除了平均降雨强度 $\bar{R}$ 这一参数与林冠截留量模拟值产生负相关性的影响外，其余 5 个参数产生的影响均成正相关性，这与赵洋毅等（2011）的研究结果相似，而何常清（2010）则得出模型模拟结果受林冠持水能力 S 的影响最大，高婵婵等（2015）将蒸发速率与降雨强度的比值作为参数进行分析得出此比值对模拟值的影响效果最为明显。

7.3　常绿阔叶林对降雨能量的分配影响

7.3.1　降雨雨滴大小分布特征

对不同降雨量条件选取的 12 场降雨中采集的雨滴数据进行处理，具体分布情况见表 7-7。从表中数据看出，不同降雨条件下，林内外的雨滴分布情况各不相同。小雨情况下，雨滴直径主要分布在 0.125~2.5 mm，大径级雨滴的数量随着雨滴直径的增大逐渐减少，采样时间相同的情况下针对相同雨量级的三场降雨累积数据，林外的雨滴个数比林内降雨的雨滴个数多 61.7%；随着雨量级的增大，雨滴直径分布规律也呈逐渐增大的趋势，到暴雨时，雨滴的直径大小主要集中在 7.5~15 mm，最大雨滴直径达到 8.5 mm 以上。

表 7-7　不同雨量级下雨滴大小分布情况

雨滴直径 （mm）	林外雨滴个数				林内雨滴个数			
	小雨	中雨	大雨	暴雨	小雨	中雨	大雨	暴雨
<0.125	46	0	0	0	0	0	0	0
0.125~0.25	107	11	0	0	0	4	9	61
0.25~0.5	132	34	17	0	33	7	18	77
0.5~1.5	194	292	242	68	88	21	32	99
1.5~2.5	119	342	483	139	70	81	109	143
2.5~3.5	67	254	539	284	41	158	125	154
3.5~4.5	26	170	467	421	23	70	266	259
4.5~5.5	8	95	214	592	10	60	140	171
5.5~6.5	6	52	98	418	5	53	56	112
6.5~7.5	0	26	53	175	0	29	28	96
7.5~8.5	0	0	18	41	0	0	17	19
>8.5	0	0	0	19	0	0	4	3
合计	705	1276	2131	2157	270	483	804	1192

表中还显示出在降小雨的情况下，林外的雨滴直径小于 0.5 mm 的数量占总雨滴数的 40.85% 左右，而林内此径级的雨滴数只占总数的 12.22% 左右，相比之下 0.5~3.5 mm 的雨滴数量更多。出现上述规律的可能原因是林外降雨雨滴直径随着雨量级的增大雨滴随之增大，林外降雨产生的大雨滴多分布在大雨及暴雨降雨条件下，而小雨条件下多分布较小直径的雨滴。而林内降雨雨滴直径多集中分布在 1.5~4.5 mm 之间。主要可能原因是林冠层对大雨滴有截持作用，对小雨滴有聚集作用。当聚集的雨滴直径达到一定值时，雨滴重力作用大于枝叶的托持作用时雨滴才会降落到地面，因此即使林外降雨雨滴直径较大时林内降雨雨滴直径分布主要集中在中雨滴直径状态。

7.3.2 降雨雨滴终速度特征

雨滴速度是指雨滴在空气中的下降末速度，不同直径的雨滴终速度不同。下降的雨滴主要受重力和空气阻力的作用，雨滴由静止状态到做加速度运动过程中，阻力由小变大，最后阻力与重力相平衡，雨滴做匀速下落运动，此时的末速度即雨滴下落终速度。雨滴下落速度在达到终速度之前，速度随降落高度而变化，旨在说明降落高度达到一定值时，雨滴降落速度才能到达终速度（王彦辉，2001）。姚文艺等（1993）学者对南方地区降雨研究得出对于雨滴直径超过 3 mm 的大雨滴，达到最大下落速度的99%时下落高度必须大于 12 m。林外降雨的雨滴在降落地面前已经达到终速度，本研究中常绿阔叶林样地的平均树高为 13.50 m，林冠下的高度平均为 6 m，由于树高的限制因此林内降雨的速度并未达到终速度。

从图 7-19 可知，林内外雨滴终速度均随着雨滴直径的增大而呈现出增大的趋势，二者之间存在明显的正相关性，但增大到一定值后二者关系趋于稳定，可能与大雨滴降落到地面的时间较短损耗的动能及势能较少，到达地面的终速度较弱效果不明显，当雨滴直径达到一定值后，最终还受到雨滴终速度计算公式的限制。当直径逐渐增大后通过公式计算出来的终速度值会趋于稳定，当然中间还会受到其他气象条件的影响如风速风向等，因此用公式计算得出的终速度值虽有规律可循但实际上还是存在一定的误差，以后的研究中希望能尽量把相关的气象影响因子加进去，使计算结果更为精确。林外降雨雨滴直径大于 4.5 mm 后，终速度稳定在 9.34 m/s 左右；林内降雨雨滴直径大于 4.1 mm 后，速度稳定在 7.05 m/s 左右。总体来看，当雨滴直径在 0.125 ~ 1.68 mm 范围内，林内外雨滴速度无限接近，当直径大于 1.73 mm 后，对于同一径级的雨滴林外的雨滴终速度比林内的雨滴速度大。

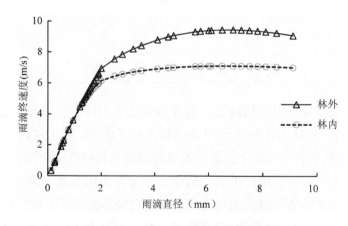

图 7-19 林内外雨滴终速度与雨滴直径关系

7.3.3 降雨动能特征

7.3.3.1 林外雨滴动能特征

通过选取2分钟内不同降雨条件下的12场降雨的雨滴数据，分析得出各降雨条件林内外雨滴动能变化规律。如图7-20所示，林外降雨雨滴动能随雨滴直径的增大呈现逐渐增大的趋势，达到一定值后趋于稳定；说明林外降雨雨滴动能与雨滴直径和雨量呈现明显的正相关性。同一雨滴径级条件下，暴雨条件下的雨滴动能比小雨条件下的动能大98.29%，暴雨条件下雨滴动能随雨量级的增大而增大的效果更明显，特别是在雨滴直径达到3.5 mm时雨滴动能增大的最快，在雨滴直径大于5 mm后动能趋于稳定，暴雨条件下稳定在112.15 J/(m²·mm)左右，小雨稳定在2.2 J/(m²·mm)左右。

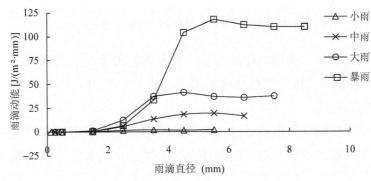

图7-20 不同雨量级下林外雨滴动能与直径关系

7.3.3.2 林内雨滴动能特征

林下降雨雨滴动能随雨滴直径的增大也存在着明显的增大趋势，大雨量级下雨滴直径在1.5~2.5 mm之间上升趋势较快，在3.5 mm左右时，降雨动能达到峰值16.25 J/(m²·mm)，随后出现下降的趋势，最后稳定在8.2 J/(m²·mm)左右（图7-21）。总体来看无论是大雨、中雨还是暴雨，雨滴动能达到一个峰值后都有微弱下降的趋势，相比林外降雨不同（林外雨滴动能呈现增大的趋势，没有达到峰值后有所减小），理论上雨滴动能应该随着雨滴直径的增大而增大，但图7-21用的数据是雨滴的累积动能，动能减小的原因与雨滴个数存在必然联系。可以推测出林冠层繁茂的枝叶对雨滴有截留作用，相比较大的暴雨或较小的中雨和小雨，在大雨条件下的截留效果最为明显。说明雨量级较小时雨滴对土壤的冲击力较小，林冠对雨滴动能的截留效果较小；当暴雨条件下雨量达到一定值后，林冠虽然能对其产生一定的截留效果，但截留效果没有大雨时明显，暴雨条件下雨滴大而且分布较密集对林区土壤表层侵蚀力较强。

对比图7-20和图7-21，林外累积雨滴动能明显大于林内降雨的雨滴动能，造成这一结果的主要原因有雨滴直径大小、雨滴数量及降雨高度。小雨降雨条件下林内外的雨滴动能差不多两者都比较小，但到中雨雨量级后林外的雨滴动能明显比林内的大，

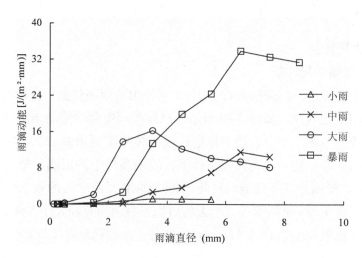

图 7-21 不同雨量级下林内雨滴动能与直径关系

到暴雨条件下最为明显。在同采样时间下，林内累积雨滴动能的峰值只达到林外降雨的 20.68%，并且林内降雨由于受林冠的影响很大，一部分林内降雨到达地面的终速度未达到雨滴的终速度。

总之，随着雨量的增大雨滴动能也有明显的增大趋势，可能原因是在单位时间内作用于单位面积的雨滴个数增加、雨滴直径增大并且林冠对大雨滴的截持效果不如小雨滴和小雨量级的降雨截持效果明显，最终导致随着雨量级的增大雨滴对单位面积的动力作用随之增大，因此林冠对强降雨条件下的雨滴动能削减作用极为明显。

7.3.4 降雨势能特征

对取样得到的林内雨滴直径数据进行相应的雨滴势能计算，得出不同径级下雨滴势能的分配规律(图 7-22)。研究表明随着雨滴直径的增大穿透雨势能、降雨总势能及林冠截留势能均呈现逐渐增大的趋势，并且增加的趋势还与降雨量呈正相关性；特别是当雨滴直径大于 4.5 mm 时，增大的趋势较明显。

林冠对径级较大的雨滴缓冲的总势能比穿过林冠层降落到地面的雨滴势能大，经过计算，缓冲势能比穿透雨势能大 46.59%，占总势能的 65.18%；因此可以得出林冠对降雨势能起到明显的缓冲作用，从计算公式来看其主要原因是林冠分散了大雨滴减小雨滴直径、受树高的限制雨滴未达到终速度及减少了林内降雨量，还可能的原因是雨滴经过林冠的截留作用，使本应同时落到地面的雨滴分时间段分散开来，一部分被树冠截持的雨滴在降雨后期受风力及重力作用的综合影响才会降落对地表层造成重力势能的冲击作用。因此，在水土流失严重的地区应该多种植林冠层较繁茂的林木用于截留强降雨下产生的降雨势能，从而减少雨滴对体表土壤直接造成的重力冲击。

常绿阔叶林林冠层对降雨既有扩散作用也有聚集作用，经过林冠的雨滴被繁茂的

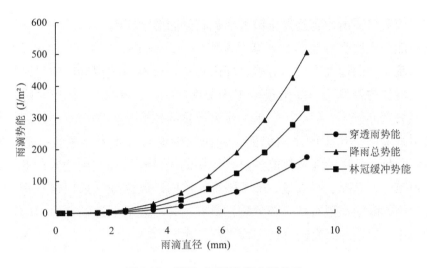

图 7-22　林冠对雨滴势能分配关系

枝干和树叶分散成更小径级的雨滴，此结果与史宇(2013)、王琛(2010)和罗德(2008)的研究结果相似。在同取样时间内同面积的林外降雨的雨滴个数比林内降雨的雨滴个数多 61.7%，这与李桂静等(2015)对于南方红壤地区的研究结果有所不同(林内雨滴数比林外高 19.5%)，可能主要原因是常绿阔叶林林冠层比马尾松林枝叶更密集，对雨滴截持效果更为明显。本研究结果还与王彦辉(2001)对于毛竹、杉木和人工刺槐林的雨滴大小分布不受降雨类型和降雨强度的影响结论存在一定的差异，可能原因是天然常绿阔叶林比人工林对降雨雨滴存在截留作用，进而造成不同雨量级下林内降雨雨滴随降雨量的增大而明显增大的趋势。随着雨量级的增大，雨滴直径分布规律也呈逐渐增大的趋势；符合了徐军(2016)对于林冠对林区降雨具有截持作用的研究结果，小雨滴在林冠层被枝叶截持下来，只有当雨滴汇集成更大的水滴，水滴重力超过林冠的截持力时，在重力和风的作用下汇集的小雨滴才会降落到林地表面。因此林内雨滴径级即使在降小雨情况下比林外雨滴径级大，并且这也是林内降雨具有滞后性(李秀博，2010；刘玉杰，2016)的关键原因之一。

　　研究还发现，林区降雨经过林冠层的截留、分散和聚集作用改变了雨滴原有的运动规律，造成林内外雨滴降落速度有所不同。林冠层对于径级大的雨滴的速度影响比小雨滴的速度影响大，林冠层对径级大的雨滴起到截留作用，这与李振新(2004)对于贡嘎山暗针叶林的研究结果相似。对林内外不同降雨条件下产生的雨滴动能进行分析比较，发现不同降雨强度下雨滴动能存在明显差异，与蔡丽君(2003)对于黄土高原地区的研究结果相似，林冠对短而集中的暴雨动能削减作用更为明显。在同采样时间下，林内累积雨滴动能的峰值只达到林外降雨的 20.68%，比史宇(2013)对于北京山区侧柏林 27% 的雨滴动能削减率相对低一点，可能与植被林冠厚度及地区土壤差异有关。因此，在没有植被遮挡的降雨条件下，强而短时间的暴雨对地表土壤的冲击力较大，这也是在暴雨天气下山体容易发生滑坡和泥石流的关键原因。

降雨势能与土壤受侵蚀的关系联系起来（Andréassian，2004；Nanko，2008），研究表明随着雨滴直径的增大穿透雨势能、降雨总势能及林冠截留势能均呈现逐渐增大的趋势，并且增加的趋势还与降雨量呈正相关性（Nanko，2011），林冠对降雨势能及动能起到明显的缓冲作用。因此，在水土流失严重的地区应该多种植林冠层较繁茂的林木用于截留强降雨下产生的降雨势能，从而减少雨滴对体表土壤直接造成的重力冲击。林内降雨量、雨滴动能及势能经过林冠层的缓冲作用都起到削减的效果，但其变化大小与植被生长情况、降雨量、降雨强度、风向、风速等气象因素有很大关系。本研究仅针对不同降雨类型对同一林分进行研究，并不能对上述的这些影响因素做出一一对应的结论，后期的研究需在此方面进行补充。

7.4 常绿阔叶林地产流产沙特征及影响因子

7.4.1 降雨量和产流产沙特征分析

根据研究区降雨情况对 2016 年和 2017 年样地旁布设的 5 m×20 m 的标准坡面径流小区内的集水槽进行产流量和产沙量的测定，得出具体情况表（表7-8）。

2016 年累计采样次数有 13 次，2017 年有 8 次，每次采样的间隔时间都各有不同，主要是根据降雨情况和降雨后产生的地表径流量大小来定，降雨量大，历时长，地表产流量大时采样频率就频繁一些，主要是确保径流小区内布设的 1 m×1 m×1 m 的集水槽水量不会漫出，才能保证得到更为准确的采样结果。

表 7-8　2016 年和 2017 年 5—9 月林内外降雨量和产流产沙量分布情况

采样间隔时间	采样时间	产流量（mm）	产沙量（t/km²）	林外降雨量（mm）	林内穿透雨量（mm）
2016/5/22 - 2016/6/01	2016/6/02	0.112	0.005	18.99	9.80
2016/6/02 - 2016/6/07	2016/6/08	2.272	0.428	62.94	36.96
2016/6/09 - 2016/6/13	2016/6/14	2.312	0.525	63.40	39.57
2016/6/16 - 2016/6/21	2016/6/22	0.820	0.300	50.79	32.73
2016/6/24 - 2016/7/04	2016/7/04	1.472	0.320	60.41	36.00
2016/7/05 - 2016/7/07	2016/7/08	3.440	0.912	79.6	43.65
2016/7/11 - 2016/7/16	2016/7/18	4.080	1.660	151.00	94.00
2016/7/18 - 2016/7/21	2016/7/21	1.200	0.320	59.25	34.20
2016/7/22 - 2016/7/27	2016/7/28	0.552	0.290	49.74	29.00

（续）

采样间隔时间	采样时间	产流量（mm）	产沙量（t/km²）	林外降雨量（mm）	林内穿透雨量（mm）
2016/7/29 – 2016/8/04	2016/8/05	4.052	1.457	125.00	87.00
2016/8/07 – 2016/8/14	2016/8/15	4.032	1.134	101.33	68.00
2016/8/15 – 2016/8/28	2016/8/29	0.360	0.286	41.20	26.34
2016/8/31 – 2016/9/7	2016/9/9	2.460	0.648	78.33	40.33
2017/6/18 – 2017/6/23	2017/6/23	0.120	0.054	30.31	19.91
2017/6/23 – 2017/7/4	2017/7/4	4.360	1.587	145.20	100.80
2017/7/4 – 2017/7/13	2017/7/13	0.120	0.027	26.54	18.19
2017/7/13 – 2017/7/26	2017/7/26	4.024	1.362	100.40	54.8
2017/7/26 – 2017/8/12	2017/8/12	3.632	1.178	118.80	76.98
2017/8/12 – 2017/8/30	2017/8/30	4.036	1.768	87.80	51.28
2017/8/30 – 2017/9/12	2017/9/12	0.172	0.169	37.35	25.23
2017/9/12 – 2017/9/28	2017/9/28	0.140	0.082	33.26	20.53

从表 7-8 看出径流深、林内降雨量、林外降雨量及产生的泥沙重量四者的变化趋势相似，存在正相关的一致变化。但图中个别几个点存在变异特征，例如比较明显的点是第 19 次采样时，泥沙重量值和径流深值并没有随着林外降雨量和林内穿透雨量的减小而减小，产沙量达到最大值 221t/km²；其次还有第 14 次采样结果也显示，产沙量并没随着降雨量和穿透雨量的降低而降低。因此要研究产沙量与降雨量和穿透雨量之间存在的规律，作图对三者的关系进行具体分析。

图 7-23 中在 21 次野外监测中，林内降雨最大值出现在第 15 次采样中为 100.8 mm，并且径流量的最大值也出现在此次采样中为 4.36 mm。林外降雨最大值出现在第 7 次采样中为 151 mm，但其所对应的径流量没有第 15 次出现的值大，说明林内降雨量对径流量的影响较林外降雨明显，同时这可能与降雨历时的长短和雨量大小及研究区的土壤质地及林下枯落物层厚度有关。而从产沙量看，当林外降雨量大于 19 mm，林内降雨量大于 9.8 mm 时林地内径流中产生少量泥沙，最大的产沙量值出现在第 19 次监测中，结合实际观测数据，短时和大量的降雨对地表产生强大的冲击力使得地表径流携带大量的泥沙。因此，降雨强度这一因素也应该考虑到影响产沙量的影响因素中去，在下面的冗余分析中应对此影响因素做详细的分析说明。总体上看林内降雨量随着林外降雨量的增大而增大，产沙量和径流量也随着林内外降雨量的增大而增大。对坡面径流产流量和产沙量用 SPSS 19.0 做变异描述性统计分析（表 7-9）。

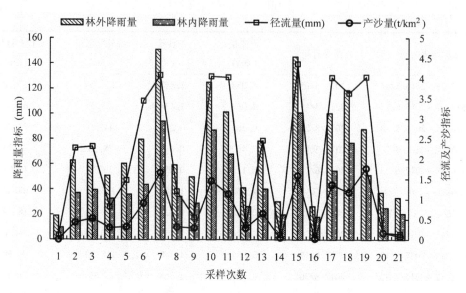

图 7-23　径流量产沙量与林内降雨量及大气降雨量的特征分析

表 7-9　产沙量和产流量的变异特征

指标	平均值	标准差	变异系数	最小值	最大值	峰度	偏度
径流量	2.08	1.67	0.80	0.1120	4.360	-1.78	0.08
产沙量	0.69	0.60	0.87	0.0048	1.768	-1.22	0.58

　　产沙量和径流量的变异系数较小，两个指标的平均变化比较稳定，分别为 0.87% 和 0.80% 。峰度是描述总体中所有取值分布形态陡缓程度的统计量，从峰度值和偏度值来看，产沙量和径流量的变异度符合正态分布。为探究两者是否存在明显的数量关系，作图 7-24 对其进行线性回归分析。

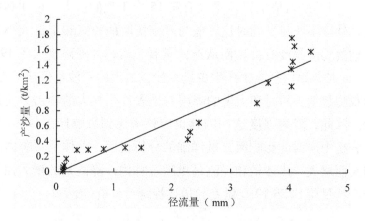

图 7-24　2016 年和 2017 年雨季产流量和产沙量关系特征

从图 7-24 发现，研究期间林地产流量和产沙量两者关系极显著，函数关系式为：

$$\begin{cases} M = 0.3421S + 0.0219 \\ R^2 = 0.9057 \end{cases} \qquad (7-35)$$

式 7-35：中 M 为泥沙重量（t/km^2）；S 为产流量（mm）。

从图 7-24 可以明显看出，产沙量和产流量呈正相关关系，用函数式 7-35 可以对两者的关系进行拟合，R^2 值说明回归函数的拟合度较高。产沙量随着产流量的增大呈逐渐增大的趋势，研究期间产沙量随着径流量的增大逐渐增加，最大径流量为 4.36 mm，对应的产沙量为 1.587 t/km^2；而当径流量为 4.036 mm 时，对应的产沙量最大，为 1.768 t/km^2。根据实际情况分析可能原因是产沙量最大的这次遇上短时间、降雨量较大，雨强较大的降雨事件，因此降雨期间产生的地表径流多而急，降雨对地表土壤层的冲刷作用时间比较集中，从而产生的地表径流中携带大量的泥沙。此外，根据 7-35 式求 x 轴的截距值可以得出理论上当产沙量 $S \geqslant 0.064$ mm 时，地表径流开始携带泥沙，说明当地表径流较小时，径流对林地表层的土壤冲刷作用也较小。

7.4.2 产流产沙影响因子统计特征

通过对不同影响因子进行描述性统计分析发现，除了穿透雨动能这一影响因子外，各个影响因子的变异系数较小，各指标变化比较稳定，穿透雨动能的变异系数达到 1.13，可能是受影响该指标的降雨事件实际情况及林冠层分配作用综合的影响，最终导致收集到的穿透雨动能数据变异程度较大。其他影响因子的变异系数在 0.16 ~ 0.94，属于中等变异（$0.1 < CV < 1$），说明受降雨历时、降雨量及降雨动能等因素的影响，使得径流量和产沙量受各环境因素的影响效果存在显著差异。并且各环境影响因子的均值大、变异系数大、偏度和峰度绝对值均趋于 1，说明各环境影响因子的选取代表性强（表 7-10）。

表 7-10 不同影响因子的描述性统计分析

影响因子	极小值	极大值	均值	变异系数	标准差	方差	偏度	峰度
降雨历时	756	5343	2393.42	0.64	1545.37	—	0.83	-0.85
林外降雨量	33.04	165.2	77.93	0.46	35.68	1273.17	1.08	0.73
林内降雨量	18.19	90.2	43.96	0.54	23.74	563.49	0.93	-0.46
树干径流量	0.71	3	1.51	0.51	0.77	0.60	0.68	-0.78
叶面积指数	2.91	3.67	3.34	0.056	0.19	0.035	-0.45	0.11
平均雨强	0.62	4.51	2.40	0.45	1.09	1.189	0.37	-0.77
雨滴个数	278	1495	791	0.45	358.62	—	0.24	-0.87
雨滴直径	0.1	8.6	5.23	0.38	1.98	3.93	0.1	-0.91
雨滴速度	0.3	9.4	5.11	0.55	2.81	7.913	-0.11	-1.1
林内动能	0.0038	187	55.4	1.13	62.85	—	0.86	-0.59
降雨总动能	1.01	869	281.64	0.93	263.26	—	0.75	-0.38
林冠缓冲动能	1.0012	698	226.23	0.94	212.7	—	0.81	-0.31

7.4.3 产流产沙量与其环境因子的冗余分析

对产流产沙量及其各环境因子间的相关性进行统计学上的双侧相关性分析(表 7-11),结果表明,影响因子间的相关性存在较大差异,但 RDA 排序图能够综合多种环境影响因子,通过排序分析把排序轴和已知的环境影响因子联系起来,能够直观地展示出产沙量和径流量与各环境因子之间的内在联系。

如图 7-25,图中粗箭头连线代表径流量产沙量,细箭头连线代表主要环境影响因子,细线箭头连线与粗线箭头连线之间的夹角的余弦值代表径流量或产沙量与某主要环境因子之间的相关性,夹角越小,相关性越高,反之越低;细箭头所处的象限表示环境因子与排序轴间的正负相关性,用细线箭头与排序轴夹角的余弦值表示二者之间的相关程度;细线箭头所在线段的长度表示环境因子与径流量产沙量相关性的大小,线段越长,说明相关性越大,反之则越小。对各影响因子进行去趋势分析,得到的梯度长度均<3,故选择 RDA 分析;为避免分析时受相关冗余变量的影响,因此分析前先使用前向选择法进行选择,同时用 Monte Carlo 检验来检测影响因子和产流产沙量是否存在统计学意义上的显著相关性。

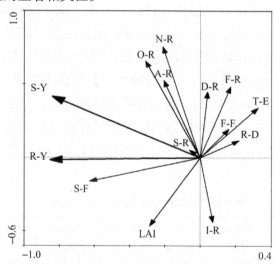

图 7-25　不同环境因子对产流产沙量影响的冗余分析

注 a:S-Y:产沙量;R-Y:产流量;D-R:降雨历时;O-R:林外降雨量;F-R:林内降雨量;S-F:树干径流量;LAI:叶面积指数;A-R:平均雨强;N-R:雨滴个数;D-R:雨滴直径;S-R:雨滴速度;F-E:林内降雨动能;T-E:降雨总动能;I-R:林冠缓冲动能,下同。

从影响因子的 RDA 排序结果来看(图 7-25),第一排序轴能够解释所有信息的 99.1%,第二排序轴能解释 0.9%,累计解释信息量能够达 100%。因此,前两个排序轴能够很好地环境影响因子与产流产沙量的关系,并且主要是由第一排序轴决定。从

表 7-11　产流产沙量环境影响因子相关性分析

影响因子	产流量	产沙量	降雨历时	林外降雨量	林内降雨量	树干茎流量	叶面积指数	平均雨强	雨滴个数	雨滴直径	雨滴速度	林内降雨动能	降雨总动能	林冠截留动能
产流量	1													
产沙量	0.850**	1												
降雨历时	−0.042	0.152	1											
林外降雨量	0.254	0.534*	0.355	1										
林内降雨量	−0.154	0.058	0.427	0.131	1									
树干茎流量	0.537*	0.459*	−0.500*	0.118	−0.465*	1								
叶面积指数	0.25	0.046	−0.592**	−0.216	−0.484*	0.705**	1							
平均雨强	0.168	0.392	0.289	0.589**	0.351	−0.074	−0.678**	1						
雨滴个数	0.169	0.492*	0.512*	0.840**	0.34	−0.13	−0.365	0.551**	1					
雨滴直径	−0.189	−0.135	−0.363	0.057	0.191	0.063	0.085	0.053	0.008	1				
雨滴速度	0.051	0.073	−0.402	−0.213	−0.28	0.107	0.005	0.044	−0.165	0.258	1			
林内降雨动能	−0.141	−0.054	0.847**	0.107	0.238	−0.586**	−0.533*	0.086	0.174	−0.308	−0.206	1		
降雨总动能	−0.283	−0.131	0.194	0.074	0.097	0.008	−0.35	0.387	−0.03	0.079	0.011	0.008	1	
林冠截留动能	−0.054	−0.243	−0.836**	−0.409	−0.209	0.381	0.602**	−0.368	−0.423	0.251	0.338	−0.672**	−0.38	1

注：* 在 0.05 水平（双侧）上显著相关；** 在 0.01 水平（双侧）上显著相关。

图 7-25 中可以看出，林冠缓冲动能、叶面积指数和树干径流量分别在冗余分析图的第四、第三象限，说明这三个环境因子与产流产沙量存在负相关性。其余的环境因子（降雨历时、林外降雨量、林内降雨量、平均雨强、雨滴个数、雨滴直径、雨滴速度、林内降雨动能、降雨总动能）都分布在第一和第二象限，对产流产沙量产生正相关影响。

7.4.4 主导影响因子 RDA 的排序及解释

利用 CANOCO 的 forward 分析，通过对 12 个环境因子进行主导因子筛选，结果表明，降雨总动能、林外降雨量、平均雨强、林冠缓冲动能、降雨历时五者对产流产沙量的影响效果最为显著。因此，特提取这 5 个主导因子做 RDA 排序图（图 7-26），进一步分析主导因子对产流产沙量的贡献率，并比较 12 个环境因子的信息解释量与 5 个主导因子的信息解释量的差异。

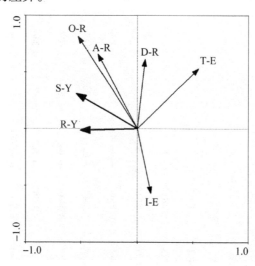

图 7-26 主导环境影响因子的 RDA 排序图

此外，从表 7-12 的 RDA 分析结果显示，第一排序轴能够解释所有信息的 98.6%，第二排序轴能够解释 1.4%，累计解释信息量达 100%。主要的影响效果大小经过图 7-26 的排序分析可从直观看出，林冠缓冲动能与排序轴的横轴呈显著负相关性（$P <$ 0.05），平均雨强、降雨历时、林外降雨量、降雨总动能与横轴呈显著正相关性（$P >$ 0.05），从左到右各环境因子呈增加的趋势，即林外降雨量越大，平均雨强越大、降雨历时越长、降雨总动能越大，径流量和产沙量越大；反之，随着林冠缓冲动能的增大，径流量和产沙量则减少。从排序图的夹角来看，林冠缓冲动能与产沙量的夹角最大，相关性系数相比其余几个主导环境因子较低；降雨总动能与径流量的夹角最大，相关性系数最低；林外降雨量与产沙量和径流量的夹角都是最小的，相关性系数最高，并且从与箭头的连线长度来看，此环境因子的线段长度是最长的，与二者的相关性最大。

　　由第一排序轴解释，五个主导环境因子不看对径流量和产沙量的正负反馈作用，影响大小则排序为：平均雨强 > 林冠缓冲动能 > 降雨历时 > 林外降雨量 > 降雨总动能。此外，排序结果为从典范特征值分析结果显示，仅选择这 5 个主环境影响变量可解释环境影响因子与径流量产沙关系 73.2% 的信息量，比 12 个变量所解释的信息量少 16.8%，说明排序轴与主导环境因子之间的线性结合程度能最大化地反映环境影响因子与径流量产沙的关系。

表 7-12　主导环境影响因子的 RDA 分析结果

环境因子	第一排序轴	第二排序轴
林外降雨量	−0.3662	0.4584
林冠缓冲动能	0.4620	−0.3224
降雨历时	0.4347	0.3451
平均雨强	−0.5775	0.3709
降雨总动能	0.2784	0.2995
产流产沙量 – 环境相关性的累积百分比变化率(%)	98.6	100
典范特征值	0.832	
总特征值	1.000	

　　通过对研究区降雨量和产流产沙量的相关性分析看出产流量和产沙量都会随着降雨量的增大而增大，此结果与杨帅(2016)研究的四川黄壤区和张兴奇(2015)研究的黔西北地区的结论一致。而从产沙量和产流量之间的相关性来看，本研究得到的结论是产沙量与产流量两者关系极显著，与艾宁(2015)利用逐步回归分析的方法得到径流量对产沙量起到决定性作用的结论相似。根据函数关系式得出理论上当产沙量大于 0.064 mm 时，形成的地表径流中才开始携带泥沙，可能原因是土壤的分离速率随地表径流的增大而增大造成的(郭继成等，2013)，此外还说明产沙滞后于产流(杨帅等，2016)。

　　数据分析过程中发现产流产沙量随林外降雨量和林内降雨量的增大而增大，考虑到与雨强也有很大的关系(张赫斯等，2010)，但其中也有几组数据存在反规律变化，可能原因是林冠郁闭度及冠层盖度较厚，林冠对降雨的截留效果明显，以至于即使降雨量和雨强较大，但在短时间降雨过程中产沙量和产流量比较少，与张晓明(2005)得到的产流产沙量均受降雨量和雨强的影响，而随着林分郁闭度增大，相关关系会逐渐减小的结论相似。

　　通过对产流产沙可能产生影响的环境因子进行冗余分析，发现林冠缓冲动能、叶面积指数和树干径流量与产流产沙量存在负相关性，其中叶面积指数是林分郁闭度的重要决定因素之一，叶面积指数越大林分郁闭度也越大，反之则相反，叶面积指数与产流产沙量存在负相关性，与张海涛（2017）研究的皆伐径流小区在随着林木生长及森林环境的形成后林分郁闭度与产流、产沙量的关系可能会出现差异的结论相似。降雨历时、林外降雨量、林内降雨量、平均雨强、雨滴个数、雨滴直径、雨滴速度、林内降雨动能、降雨总动能对产流产沙量产生正相关影响，此结论与诸多学者利用不同的分析方法得到的结果相似（张海涛，2017；杨帅，2016；艾宁，2015；张赫斯，2010；张晓明，2005）。

本研究筛选出来的主导环境影响因子包含平均降雨强度和降雨历时，这与林锦阔（2016）得出的产流量和产沙量不受二者的影响的结论存在差异，可能原因是此学者主要以荞面和花生等低矮的农作物为研究对象，与高大茂密的乔木层得到的研究结果存在很大差异。这也论证了郭敏（2016）得出的不同的土地利用类型对产流产沙效果存在显著差异，林地和草地都具有拦截地表径流、贮存流域水分的能力，相比之下，林地削减洪峰、减少径流的水分调节作用更强，减水减沙效果更加明显，但与张兴奇（2015）的研究结果相似。此外，还有诸多学者从径流小区坡度、坡向（张赫斯，2010）、不同植被类型林地枯落物生物量（张晓明，2005）、土壤密度（艾宁，2015）、林地改造（张海涛，2017）等方面对坡面产流产沙量进行探讨，除了研究降雨事件及叶面积指数等因素对林地产沙量和径流量的影响外，还加入了目前少有学者关注的雨滴特性（雨滴大小、雨滴速度、雨滴动能和林冠截留动能）影响因素对产沙量和径流量的影响，使得分析结果更全面更具有科学性，为林区的水土保持技术提供参考依据。

本章小结

通过研究2016年和2017年5—9月云南玉溪新平县磨盘山国家森林生态定位研究站的降雨特征、雨滴特性及产流产沙影响因子的特征分析，得出以下结论：

2016年和2017年降雨总量分别为741.7 mm、903 mm，降雨多集中在6—9月期间，2016年的平均降雨强度为12.22 mm/h，2017年的平均降雨强度为18.98 mm/h。

2016年穿透降雨总量为443.7mm，占降雨量的64.41%，穿透雨平均变异系数为44.7%。当降雨量小于50 mm时，穿透雨率是随降雨量的增加而增大的，但在降雨量超过50mm后，这种增加的趋势逐渐变缓并最后稳定在68%左右。2017年研究期间常绿阔叶林总穿透降雨量为562.9 mm，变异系数为75.54%，占降雨量的56.62%，平均穿透雨率为52.68%。当降雨量小于62 mm时，穿透雨率是随降雨量的增加而增大的，但在降雨量超过62 mm后，这种增加的趋势逐渐变缓并最后稳定在63%左右。

树干径流总量为16.9 mm，占总降雨量的1.7%，树干径流率的变异系数为76.64%；随着降雨量的增加，树干径流量均呈增大的趋势。当降雨量<23.2mm时，树干径流率随降雨量的增加急剧增大，当降雨量>29.3mm时，树干径流率增大的趋势变缓，趋于稳定，稳定在 1.07% 左右。当降雨量大于 6.31 mm 时，常绿阔叶林才会产生树干径流。

2016 年的林冠截留数据表明林冠截留量随着林外降雨量的增加而逐渐增大，在降雨量大于 65 mm 后，增大的幅度逐渐变缓，林冠截持容量达到饱和。当降雨量小于 0.52 mm 时能被林冠层全部截留。2017 年的截留数据表明当 P_G 大于 64 mm 时截留量随降雨量的增大逐渐减缓。林冠截留率变化范围为 27.85% ~ 72.01%，当降雨量为 5.42 mm 时林冠截留率达到最大值 72.01%，之后随着降雨量的增大截留率减小，降雨量为 89.28 mm 时截留率最小为 27.85%。雨强对林冠截留率存在负相关性，不同时间段得到的林冠截留最小值为 8.5% 左右，所以 91.5% 的大气降雨直接作用于林地表面。

基于 Gash 模型对研究区的截留量、树干径流量进行模拟得到结果表明：①研究期间磨盘山 2016 年和 2017 年 5—9 月大气降雨量、穿透雨量、树干径流量、林冠截留量分别为 994.07mm、562.9mm、16.9mm、406.4mm（降雨事件间隔时间为 8h）。②根据修正的 Gash 模型计算公式得出穿透雨量、树干径流量、林冠截留量相对应的模拟值为 548.63mm、21.75mm、403.28mm。修正的 Gash 模型适用于中亚热带地区常绿阔叶林单次降雨林冠截留量的模拟计算。③对模型中出现的相关参数（c、Pt、S、St、$\bar{E}$、$\bar{R}$）进行敏感性分析，得出六个参数对林冠截留量模拟结果的影响由大到小依次为 $c > \bar{R} > S > \bar{E} > St > Pt$。

运用自记雨量计和滤纸色斑法，通过定位监测磨盘山常绿阔叶林林外降雨和林内穿透雨特征及其雨滴特性，得到以下主要结论：①林内的雨滴数量和直径大小分布都比林外的低；雨滴直径分布随雨量级的增大而增大，大雨滴主要集中分布在大雨和暴雨量级，林内降雨具有滞后性。②林冠层对于径级大的雨滴的速度影响比小雨滴的速度影响大，林冠层对径级大的雨滴起到截留作用更明显。③林外累积雨滴动能明显大于林内降雨的雨滴动能；同一雨滴径级条件下，暴雨条件下的雨滴动能比小雨条件下的动能大 98.29%，雨滴动能随雨强的增大而增大，到暴雨条件下最为明显，在同采样时间下，林内累积雨滴动能的峰值只达到林外降雨的 20.68%。④林冠对径级较大的雨滴缓冲的总势能比穿过林冠层降落到地面的雨滴势能大，林冠缓冲势能比穿透雨势能大 46.59%，占总势能的 65.18%；在强降雨的暴雨天气下，雨滴动能和势能均随降雨强度和雨滴直径的增大而增大。

于 2016 和 2017 年的 5—9 月期间，综合研究区环境影响因子对坡面径流产沙量特征分析，得到主要结论为：①产沙量与林外降雨量和林内穿透雨量存在正相关性，当径流量 > 0.064 mm 时，地表径流开始携带泥沙；林冠层对降雨动能的缓冲作用在降雨强度小的情况下较明显。②通过对径流量产沙量产生影响的环境因子进行冗余分析，得出林冠缓冲动能、叶面积指数和树干径流量与径流量产沙量存在负相关性，降雨历时、林外降雨量、林内降雨量、平均雨强、雨滴个数、雨滴直径、雨滴速度、林内降雨动能、降雨总动能对径流产沙量产生正相关影响。③对 12 个环境因子进行主导因子筛选，其中降雨总动能、林外降雨量、平均雨强、林冠缓冲动能、降雨历时对径流产沙量的影响效果显著。影响大小排序为：平均雨强 > 林冠缓冲动能 > 降雨历时 > 林外降雨量 > 降雨总动能。从典范特征值分析结果显示，这 5 个主环境影响变量可解释环境影响因子与径流量产沙关系的 73.2% 的信息量，比 12 个变量所解释的信息量少 16.8%。

参考文献

艾宁,魏天兴,朱清科,等,2015.基于通径分析的陕北黄土坡面径流产沙影响因素[J].北京林业大学学报,37(6):77-84.

安贵阳,史联让,杜志辉,等,2004.陕西地区苹果叶营养元素标准范围的确定[J].园艺学报,31(1):81-83.

安慧君,2003.阔叶红松林空间结构研究[D].北京:北京林业大学.

白静,田有亮,韩照日格图,等,2008.油松人工林地上生物量、叶面积指数与林分密度关系的研究[J].干旱区资源与环境,22(3):183-187.

蔡丽君,王国栋,张社奇,2003.黄土高原降雨雨滴动能的分布律[J].水土保持通报,23(4):28-29.

蔡强国,2007.黄土丘壑区中大流域侵蚀产沙模型与尺度转换研究[J].水土保持通报,27(4):131-135.

蔡雄飞,王济,雷丽,等,2009.中国西南喀斯特地区土壤退化研究进展[J].亚热带水土保持,21(1):32-35.

曹向文,赵洋毅,段旭,等,2017.磨盘山华山松人工林林冠截留和产流特征及其影响因子[J].西南林业大学学报(自然科学),37(6):105-112.

曹云,黄志刚,欧阳志云,等,2006.湖南省张家界马尾松林冠生态水文效应及其影响因素分析[J].林业科学,42(12):13-20.

曹云,欧阳志云,郑华,等,2006.森林生态系统的水文调节功能及生态学机制研究进展[J].生态环境,15(6):1360-1365.

曾德惠,裴铁璠,范志平,等.1996.樟子松林冠截留模拟试验研究[J].应用生态学报,7(2):134-138.

曾涛,2010.水蚀引起的红壤入渗性能变化对季节性干旱的影响[D].武汉:华中农业大学.

曾伟,熊彩云,肖复明,等.2014.不同密度退耕雷竹春季林冠截留特性.生态学杂志,33(5):1178-1182.

柴汝杉,蔡体久,满秀玲,等,2013.基于修正的Gash模型模拟小兴安岭原始红松林降雨截留过程[J].生态学报,33(4):1276-1284.

陈昌银,覃金平,覃杰.等,1994.公安县江滩森林立地质量评价与应用的初步研究[J].湖北林业科技,(4):20-25.

陈飞,2012.气候变化与云南松分布、结构和演变趋势的研究[D].中国林业科学研究院.

陈书军,陈存根,曹田健,等,2013.降雨特征及小气候对秦岭油松林降雨再分配的影响[J].水科学进展,(04):513-521.

陈书军,陈存根,邹伯才,等,2012.秦岭天然次生油松林冠层降雨再分配特征及延滞效应[J].生态学报,32(4):1142-1150.

陈鑫,2016.森林植被变化的水文生态效应研究进展[J].农技服务,33(7):144-145.

陈学群,1995.不同密度30年生马尾松林生长特征与林分结构的研究[J].福建林业科技,40-43.

陈引珍,何凡,张洪江,等,2005.缙云山区影响林冠截留量因素的初步分析[J].中国水土保持科学,3(3):

69 – 72.

陈志强,陈志彪,陈丽慧,2011.南方红壤侵蚀区典型流域土壤侵蚀危险性评价[J].土壤学报,48(5):
1080 – 1082.

陈卫锋,倪进治,杨红玉,等,2012.闽江福州段沉积物中多环芳烃的分布、来源及其生态风险[J].环境科学
学报,32(4):878 – 884.

程积民,李香兰,1997.子午岭植被类型特征与枯枝落叶层保水作用的研究[J].武汉植物研究,10(1):
55 – 64.

程金花,张洪江,史玉虎,等,2003.三峡库区三种林下枯落物储水特性[J].应用生态学报,14(11):
1825 – 1828.

丛月,张洪江,程金花,等,2013.华北土石山区草本植被覆盖度对降雨溅蚀的影响[J].水土保持学报,27
(05):59 – 62.

崔启武,边履刚,史继德,等,1980.林冠对降雨的截留作用[J].林业科学,16(1):141 – 146.

党宏忠,董铁狮,赵雨森,2008.水曲柳林冠的降水截留特征[J].林业科学研究,21(5):657 – 661.

邓聚龙,2002.灰色理论基础[M].武汉:华中科技大学出版社.

邓世宗,韦炳.1990.不同森林类型林冠对大气降雨量再分配研究[J].林业科学,6(3):271 – 276.

邓湘雯,2007.不同年龄阶段会同杉木林水文学过程定位研究[D].长沙:中南林业科技大学.

董灵波,2013.天然林林分空间结构综合指数的研究[J].北京林业大学学报,35(1):16 – 22.

董灵波,刘兆刚,李凤日,等,2014.凉水自然保护区阔叶红松林林分空间结构特征及其与影响因子关系[J].
植物研究,34(1):114 – 120.

董蓉,李勃,廖娟,等,2015.基于摄像视频分析的降雨量测量方法[J].光电子·激光,(10):1960 – 1966.

董三孝,2004.黄土丘陵区退耕坡地植被自然恢复过程及其对土壤入渗的影响[J].水土保持通报,(04):1 – 5.

董世仁,郭景唐,满荣洲,等,1987.华北油松人工林的透流、干流和林冠截留[J].北京林业大学学报,(1):
58 – 67.

窦葆璋,周佩华,1982.雨滴的观测和计算方法[J].水土保持通报,(1):44 – 47.

段旭,王彦辉,于澎涛,等,2010.六盘山分水岭沟典型森林植被对大气降雨的再分配规律及其影响因子[J].
水土保持学报,24(5):120 – 125.

范世香,高雁,程银才,等,2007.林冠对降雨截留能力的研究[J].地理科学,27(2):200 – 204.

高婵婵,彭焕华,赵传燕,等,2015.基于 Gash 模型的青海云杉林降水截留模拟[J].生态学杂志,34(1):
288 – 294.

高甲荣,肖斌,张东升,等,2001.国外森林水文研究进展述评[J].水土保持学报,(S1):60 – 64,75.

巩合德,王开运,杨万勤,等,2005.川西亚高山原始云杉林内降雨分配研究[J].林业科学,41(1):198 – 201.

郭继成,张科利,董建志,等,2013.西南地区黄壤坡面径流冲刷过程研究[J].土壤学报,50(6):1102 – 1108.

郭丽虹,李荷云,2000.桤木人工林林分胸径与树高的威布尔分布拟合[J].江西林业科技,(2):26 – 27.

郭敏,2016.基于 SWAT 模型的土地利用变化对流域产流产沙的影响研究[D].中国科学院大学.

郭明春,于澎涛,王彦辉,等,2005.林冠截持降雨模型的初步研究.应用生态学报,16(9):1633 – 1637.

郭笑笑,刘丛强,朱兆洲,等,2011.土壤重金属污染评价方法[J].生态学杂志,30(5):889 – 896.

韩诚,庄家尧,张金池,等,2014.长三角地区毛竹林冠截留的影响因素[J].水土保持通报,34(3):92 – 96.

韩永刚,杨玉盛,2007.森林水文效应的研究进展[J].亚热带水土保持,(02):20-25.

何常清,薛建辉,吴永波,等,2010.应用修正的 Gash 解析模型对岷江上游亚高山川滇高山栎林林冠截留的模拟[J].生态学报,30(5):1125-1132.

贺隆元,2011.滇中云南松林火烧五年后植物群落动态及其演替趋势[D].昆明:云南大学.

侯旭蕾,2013.降雨强度、坡度对红壤坡面水文过程的影响研究[D].湖南师范大学.

胡珊珊,于静洁,胡堃,等,2010.华北石质山区油松林对降水再分配过程的影响[J].生态学报,(07):1751-1757.

胡艳波,惠刚盈,2006.优化林分空间结构的森林经营方法探讨[J].林业科学研究,19(1):1-8.

黄煜煜,廖炜,卫苗苗,2009.滤纸色斑法对雨滴直径测量的研究[J].湖北水利水电职业技术学院学报,(1).20-22.

黄忠良,孔国辉,余清发,等,2000.南亚热带季风常绿阔叶林水文功能及其养分动态的研究[J].植物生态学报,24(2):157-161.

惠刚盈,2009.结构化森林经营技术指南[M].北京:中国林业出版社.

惠刚盈,等,2004.林分空间结构参数角尺度的标准角选择[J].林业科学研究,17(6):687-692.

惠刚盈,冯佳多,2003.森林空间结构量化分析方法[M].北京:中国科学技术出版社,170-173.

惠刚盈,胡艳波,赵中华,2008.基于相邻木关系的树种分隔程度空间测度方法[J].北京林业大学学报,30(4):131-134.

惠淑荣,吕永震,2003.Weibull 分布函数在林分直径结构预测模型中的应用研究[J].北华大学学报:自然科学版,4(2):101-104.

霍云梅,毕华兴,朱永杰,等,2015.QYJY-503C 人工模拟降雨装置降雨特性试验[J].中国水土保持科学,13(2):31-36.

康文星,邓湘雯,赵仲辉,2006.林冠截留对杉木人工林生态系统物质循环的影响[J].林业科学,42(12):1-5.

孔亮,2005.黑龙江省东部山地灌木林水源涵养机理及功能评价[D].东北林业大学.

孔维健.2010.庙山坞自然保护区典型森林类型水文生态效应研究[D].中国林业科学研究院.

李东,2010.青山湖森林公园针阔混交林大小比数的研究[J].安徽农业科学,(8):4310-4312.

李桂静,周金星,崔明,等,2015.南方红壤区马尾松林冠对降雨雨滴特性的影响[J].北京林业大学学报,37(12):85-91.

李国华,梁文俊,2012.森林对降水再分配研究进展[J].安徽农业科学,40(15):8568-8569.

李红云,杨吉华,鲍玉海,等,2005.山东省石灰岩山区灌木林枯落物持水性能的研究[J].水土保持学报,19(1):44-48.

李玲,肖润林,黄宇,等,2001.桂西北新建柑橘园土壤水分变化及其水分管理[J].农业环境科学学报,20(2):88-90.

李勉,姚文艺,丁文峰,等,2009,坡面草被覆盖对坡沟侵蚀产沙过程的影响(英文)[J].Journal of Geographical Sciences(地理学报(英文版),60(3):725-732.

李然然,章光新,张蕾,2014.查干湖湿地浮游植物与环境因子关系的多元分析[J].生态学报,34(10):2663-2673.

李锐,上官周平,刘宝元,等,2009.近 60 年我国土壤侵蚀科学研究进展[J].中国水土保持科学,7(5):1-6.

李世荣,周心澄,李福源,等,2006.青海云杉和华北落叶松混交林林地蒸散和水量平衡研究[J],水土保持学报,20(2):118-121.

李淑春,张伟,姚卫星,等,2011.冀北山地不同林分类型林冠层降水分配研究[J].水土保持研究,18(5):124-04.

李秀博.2010.贡嘎山地区四种植被类型林冠截留特征及其对地下水补给的影响[D].成都理工大学.

李亚春,孙涵,2003.计盒维数法在云雾遥感监测中的应用研究[J].科技通报,19(1):29-31.

李奕,2016.大兴安岭北部樟子松林生态水文过程及水量平衡研究[D].东北林业大学.

李奕,蔡体久,满秀玲,等,2014.大兴安岭地区天然樟子松林降雨截留再分配特征[J].水土保持学报,(02):40-44.

李振新,欧阳志云,郑华,等.2004,卧龙地区针叶林及亚高山灌丛对降雨的雨滴谱及能量的影响[J].水土保持学报,18(4):125-129,133.

李振新,郑华,欧阳志云,等.2004.岷江冷杉林下穿透雨空间分布特征[J].生态学报,24(5):274-282.

廉凯敏,吴应建,等.2015.太宽河自然保护区板栗群落数量分类与排序[J].生态学杂志,34(1):33-39.

廖炜,卫苗苗,黄煜煜,2008.采用滤纸色斑法对雨滴直径的研究[J].武汉理工大学学报(交通科学与工程版),32(6):1165-1168.

林波,刘庆,吴彦等,2002.川西亚高山针叶人工林枯枝落叶及苔藓层的持水性能[J].应用与环境生物学报,8(3):234-238.

林锦阔,李子君,许海超,等,2016.降雨因子对沂蒙山区不同土地利用方式径流小区产流产沙的影响[J].水土保持通报,36(5):7-12.

刘春江,杨玉盛,马祥庆,2003.欧亚大陆地上森林凋落物的研究[J].林业研究,14(1):27-34.

刘家冈,万国良,张学培,等,2000.林冠对降雨截留的半理论模型[J].林业科学,36(2):3-5.

刘珉,2012.海南岛橡胶林水分循环的特征研究[D].海南大学.

刘世荣,孙鹏森,王金锡,等,2001.长江上游森林植被水文功能研究[J].自然资源学报,16(5):451-456.

刘世荣,孙鹏森,温远光,2003.中国主要森林生态系统水文功能的比较研究[J],植物生态学报,27(1):16-22.

刘世荣,温远光,土兵主编,1996.中国森林生态系统水文生态功能规律[M].北京:中国林业出版社.

刘曙光,1992.林冠截留模型[J].林业科学,28(5):445-449.

刘思峰,郭天榜,1991.灰色系统理论及其应用[M].开封:河南大学出版社.

刘向东,吴钦孝,赵鸿雁,1991.黄土高原油松人工林枯枝落叶层水文生态功能研究[J].水土保持学报,5(4):87-92.

刘效东,龙凤玲,陈修治,等,2016.基于修正的Gash模型对南亚热带季风常绿阔叶林林冠截留的模拟[J].生态学杂志,35(11):3118-3125.

刘玉杰,2016.天然落叶松林冠截留及林内雨延滞效应研究[D].东北林业大学.

刘芝芹,2014.云南高原山地典型小流域森林水文生态功能的研究[D].昆明理工大学.

卢济深,2003.降雨强度与流量关系的研讨[J].工业计量,1(21):198-200.

鲁兴隆,2008.宁夏六盘山林地降水再分配作用及枯落物特性研究[D].北京林业大学.

禄树晖,潘朝晖,2008.藏东南高山松种群分布格局[J].东北林业大学学报,36(11):22-24.

罗德,2008.北京山区森林植被影响下的降雨动力学特性研究[D].北京林业大学.

罗文娟,罗文辉,曹云生,等,2010.冀北山区不同森林类型林木胸径 Weibull 分布规律研究[J].河北林业科技,(4):20 - 21.

骆期邦,蒋菊生,1990.单形和多形地位指数模型的对比研究[J].浙江农林大学学报,(3):208 - 214.

吕勇,1997.树木树高曲线模型研究[J].中南林学院学报,17(4):86 - 89.

马建路,宣立峰,刘德君,1995.用优势树全高和胸径的关系评价红松林的立地质量[J].东北林业大学学报,13(2):20 - 27.

马克明,祖元刚,2000.兴安落叶松种群格局的分形特征:计盒维数[J].植物研究,20(1):104 - 225.

马雪华,1989.在杉木林和马尾松林中雨水的养分淋溶作用[J].生态学报,9(1):15 - 20.

孟广涛,郎南军,方向京,等,2001.滇中华山松人工林的水文特征及水量平衡[J].林业科学研究,(01):78 - 84.

孟祥江,2011.中国森林生态系统价值核算框架体系与标准化研究[D].中国林业科学研究院.

莫康乐,2013.永定河沿河沙地杨树人工林水量平衡研究[D].北京林业大学,78 - 81.

牟惠生,1996.用幂数指数方程模拟林木胸径分布的探讨[J].吉林林业科技,(6):38 - 40

宁波,2007.樟子松人工林结构动态及生物量的研究[D].东北林业大学.

庞学勇,包维楷,江元明,等,2009.九寨沟和黄龙自然保护区原始林与次生林土壤物理性质比较[J].应用与环境生物学报,15(6):768 - 773.

彭焕华,赵传燕,许仲林,等,2011.祁连山青海云杉林冠层持水能力[J].应用生态学报,22(9):2233 - 2239.

彭舜磊,王得祥,2009.秦岭火地塘林区华山松人工林与天然次生林群落特征比较[J].西北植物学报,(11):2301 - 2311.

彭舜磊,王得祥,等,2008.我国人工林现状与近自然经营途径探讨[J].西北林学院学报,(02):184 - 188.

杞金华,章永江,张一平,等,2012,哀牢山常绿阔叶林水源涵养功能及其在应对西南干旱中的作用[J].生态学报,32(6):1692 - 1702.

任引,薛建辉,2008.武夷山甜槠常绿阔叶林林分降水分量特征[J].林业科学,44(2):41 - 45.

申玉贤,2011.分布式森林水文模型的构建研究[D].东北林业大学.

沈金泉,2005.基于 GIS 技术的福建省森林立地类型分类及其景观空间格局[D].福建农林大学.

沈中原,2006.坡面植被格局对水土流失影响的实验研究[D].西安理工大学.

盛雪娇,王曙光,关德新,等,2010.辽宁东部山区落叶松人工林林冠降雨截留观测及模拟[J].应用生态学报,21(12):3021 - 3028.

石培礼,李文华,2001.森林植被变化对水文过程和径流的影响效应[J].自然资源学报,16(5):481 - 487.

时忠杰,王彦辉,徐丽宏,等,2009.六盘山华山松(*Pinus armandii*)林降雨再分配及其空间变异特征[J].生态学报,29(1):76 - 85.

时忠杰,王彦辉,于澎涛,等,2005.宁夏六盘山林区几种主要森林植被生态水文功能研究[J].水土保持学报,19(3):134 - 138.

时忠杰,王彦辉,熊伟,等,2006.单株华北落叶松树冠穿透降雨的空间异质性[J].生态学报,26(9):2877 - 2886.

史宇,余新晓,张建辉,等,2013.北京山区侧柏林冠层对降雨动力学特性的影响[J].生态学报,33(24):

7898 – 7907.

舒树森,赵洋毅,段旭,等,2015.基于结构方程模型的云南松次生林林木多样性影响因子[J].东北林业大学学报,43(10):63 – 67.

宋丹丹.2015.林冠对降雨截留作用的研究[D].山东农业大学,

宋吉红,2008.重庆缙云山森林水文生态功能研究[D].北京林业大学.

苏敏,卢宗凡,张兴昌,等,1990.黄土丘陵区不同种植方式水保效益的分析评价[J].水土保持通报,(4):46 – 52.

苏木荣,张卫强,冼伟光,等,2014.南亚热带不同林龄杉木针阔混交林土壤理化性质分析[J].广东林业科技,30(5).43 – 47.

孙浩,2014.六盘山香水河小流域四种典型林分的生态水文特性研究[D].中国林业科学研究院.

孙涛.2015.四面山森林生态系统不同层次对大气降水中几种离子的截留特征[D].西南大学,

孙向阳,王根绪,李伟,等,2011.贡嘎山亚高山演替林林冠截留特征与模拟[J].水科学进展,22(1):23 – 29.

孙向阳,王根绪,吴勇,等,2013.川西亚高山典型森林生态系统截留水文效应[J].生态学报,33(2):501 – 508.

孙学金,孙海洋,江志东,2011.不同大气条件雨滴下落速度的数值仿真[J].计算机仿真,28(12):402 – 406.

汤孟平,唐守正,雷相东,等,2004.林分择伐空间结构优化模型研究[J].林业科学,40(5):25 – 31.

汤孟平,陈永刚,施拥军,等.2007.基于 Voronoi 图的群落优势树种种内种间竞争[J].生态学报,27(11).

滕维超,万文生,王凌晖,2009.森林立地分类与质量评价研究进展[J].广西农业科学,40(8):1110 – 1114.

田凤霞,赵传燕,冯兆东,等,2012.祁连山青海云杉林冠生态水文效应及其影响因素[J].生态学报,32(4):1066 – 1076.

万师强,陈灵芝,1999.暖温带落叶阔叶林冠层对降水的分配作用[J].植物生态学报,23(6):557 – 561.

王栋,张洪江,程金花,等.用灰色关联法分析重庆缙云山林冠截留量影响因素[J].水土保持研究,2007,14(6):276 – 279.

王琛,2010.北京地区森林小气候特征研究[D].北京林业大学.

王德利.1994.植物生态场导论[M].吉林:吉林科学技术出版社,

王广涛,王训明,郎丽丽,2016.毛乌素沙地南缘半固定沙丘风沙输移物特征[J].中国沙漠,36(2):281 – 286

王剑,徐美,曾和平,2010.土壤侵蚀研究进展[J].沧州师范学院学报,26(1):108 – 111.

王金叶,于澎涛,王彦辉,等,2008.生态水文过程研究[M].北京:科学出版社.

王磊,孙长忠,2016.北京九龙山不同结构侧柏人工纯林降水的再分配[J].林业科学研究,29(5):752 – 758.

王礼先,张志强,1998.森林植被变化的水文生态效应研究进展[J].世界林业研究,11(6):14 – 23.

王丽艳,张成梁,韩有志,等,2011.煤矸石山不同植被恢复模式对土壤侵蚀和养分流失的影响[J].中国水土保持科学,9(2):93 – 99.

王鹏,2009.白桦适生立地条件研究[D].哈尔滨:东北林业大学.

王树力,周健平,2014.林用基于结构方程模型的林分生长与影响因子耦合关系分析[J].北京林业大学学报,36(5):7 – 12.

王馨,张一平.2006.Gash 模型在热带季节雨林林冠截留研究中的应用[J].生态学报,26(3):723 – 728.

王彦辉,2001.几个树种的林冠降雨特征[J].林业科学,37(4):2 – 9.

王彦辉,刘永敏,1993.江西省大冈山毛竹林水文效应研究[J].林业科学研究,6(4):373 – 379.

王彦辉,于澎涛,徐德应,等,1998.林冠截留降雨模型转化和参数规律的初步研究[J].北京林业大学学报,
　(6):25-30.

王艳萍,王力,卫三平,2012.Gash 模型在黄土区人工刺槐林冠降雨截留研究中的应用[J].生态学报,32
　(17):5445-5453.

王酉石,储诚进,2011.结构方程模型及其在生态学中的应用[J].植物生态学报,35(3):337-344.

王琛,2010.北京地区森林小气候特征研究[D].北京林业大学.

王晓燕,陈洪松,王克林,等,2006.不同利用方式下红壤坡地土壤水分时空动态变化规律研究[J].水土保持
　学报,20(2):110-113.

武显微,武杰.2005.从简单到复杂——非线性是系统复杂性之根源[J].科学技术哲学研究,22(4):
　60-65.

魏晓华,周晓峰,1989.三种阔叶次生林的茎流研究[J].生态学报,9(4):325-329.

吴光艳,吴发启,尹武君,等,2011.陕西杨凌天然降雨雨滴特性研究[J].水土保持研究,18(1):48-51.

吴魁鳌,1988.人工模拟降雨中大粒径雨滴着地速度公式的探讨[J].水土保持学报,(1).

吴明隆,2009.结构方程模型—AMOS 的操作与应用[M].重庆:重庆大学出版社.

吴小丽,2013.我国水资源犯罪问题研究[D].东北林业大学.

郗金标,张福锁,有祥亮,2007.中国森林生态系统 N 平衡现状[J].生态学报,27(8):3257-3267.

夏体渊,吴家勇,段昌群,等,2009.滇中 3 种林冠层对降雨的再分配作用[J].云南大学学报（自然科学版）,
　31 (1):97-102.

肖洋,陈丽华,余新晓,等,2007.北京密云水库油松人工林对降水分配的影响[J].水土保持学报,21(3):
　154-157.

谢刚,夏玉芳,郗静,等,2013.不同林龄香椿对林冠截留雨水的影响[J].贵州农业科学,41(1):153-157.

徐海燕,赵文武,朱恒峰,等,2009.黄土丘陵沟壑区坡耕地与草地不同配置方式的侵蚀产沙特征[J].中国水
　土保持科学,3(3):35-41.

徐军,2016.林冠和枯落物结构对水分截留和溅蚀的影响[D].北京林业大学,

徐丽宏,时忠杰,等,2010.六盘山主要植被类型冠层截留特征[J].应用生态学报,21(10):2487-2493.

徐咪咪,2010.异龄林林分生长的结构方程模型分析研究[D].北京:北京林业大学.

许玉兰,蔡年辉,康向阳,等,2011.云南松种质资源遗传多样性研究概况[J].植物遗传资源学报,12(6):
　982-985.

薛建辉,2006.森林生态学[M].北京:中国林业出版社.

薛建辉,郝奇林,吴永波,等,2008.3 种亚高山森林群落林冠截留量及穿透雨量与降雨量的关系[J].南京林
　业大学学报(自然科学版),32(3):9-13.

薛立,何跃君,屈明,等,2005.华南典型人工林凋落物的持水特性[J].植物生态学报,29(3):415-421.

闫俊华,1999.森林水文学研究进展(综述)[J].热带亚热带植物学报,(04):347-356.

闫淑英,席青虎,铁牛,2010.寒温带杜香-兴安落叶松林林分健康评价研究[J].南京林业大学学报:自然科
　学版,34(6):81-86.

杨磊,等,2011.基于 GIS 和 USLE/RUSLE 的小流域土壤侵蚀量研究[J].干旱环境监测,25(1):24-28.

杨令宾,栾晓红,孙丽华,1993.长白山地区森林的水文效应研究[J].地理科学,13(4):376-380.

杨帅,尹忠,郑子成,等,2016.四川黄壤区玉米季坡耕地自然降雨及其侵蚀产沙特征分析[J].水土保持学报,30(4):7-12.

杨晓勤,李良,2013.不同林龄华北落叶松人工林土壤蒸发特征及地表径流研究[J].山东林业科技,(01):48-50.

杨予静,李昌晓,2015.三峡水库城区消落带人工草本植被土壤养分含量研究[J].草业学报,24(4):1-11.

姚爱静,朱清科,张宇清,等,2005.林分结构研究现状与展望[J].林业调查规划,30(2):70-76.

姚文艺,陈国祥,1993.雨滴降落速度及终速公式[J].河海大学学报(自然科学版),5(21):5-6.

姚小萌,牛桠枫,等,2015.黄土高原自然植被恢复对土壤质量的影响[J].地球环境学报,6(4):238-247.

叶吉,等,2004.长白山暗针叶林苔藓枯落物层的降雨截留过程[J].生态学报,24(12):2859~2862.

殷晖,关文彬,薛肖肖,等,2010.贡嘎山暗针叶林林冠对降雨能量再分配的影响研究[J].北京林业大学学报,32(2):1-5.

游珍,李占斌,蒋庆丰,2005.坡面植被分布对降雨侵蚀的影响研究[J].泥沙研究,(6):40-43.

于成琦,2005.不同立地因子与麻栎生长的相关分析[J].吉林林业科技,34(3):22-29

于静洁,刘昌明,1989.森林水文学研究综述[J].地理研究,(01):88-98.

余东升,徐青山,徐赤东,等,2011.雨滴谱测量技术研究进展[J].大气与环境光学学报,06(6):403-408.

余新晓,张志强,陈丽华,等,2004.森林生态水文[M],北京:中国林业出版社.

余长洪,李就好,陈凯,等,2015.甘蔗冠层对降雨再分配的影响[J].水土保持通报,35(3):85-87.

虞泓,杨彩云,1999.云南松居群花粉形态多态性[J].云南大学学报:自然科学版,21(2):86-89.

张春雨,赵秀海,王新怡,等,2006.长白山自然保护区红松阔叶林空间格局研究[J].北京林业大学学报,28(增2):45-51.

张光灿,刘霞,赵玫,2000.树冠截留降雨模型研究进展及其述评[J].南京林业大学学报,24(1):64-68.

张海涛,宫渊波,付万权,等,2017.次降雨对马尾松低效林改造初期坡面产流产沙的影响[J].水土保持学报,31(3):51-55.

张赫斯,张丽萍,朱晓梅,等,2010.红壤坡地降雨产流产沙动态过程模拟试验研究[J].生态环境学报,19(5):1210-1214.

张会茹,郑粉莉,等,2009.地面坡度对红壤坡面土壤俊蚀过程的影响研究[J].水土保持研究,16(4):52-59.

张家洋,等,2011.基于降雨量级和竹干胸径分析北亚热带毛竹林干流影响因素[J].北方园艺,(1):84-86.

张焜,张洪江,程金花,等,2011.重庆四面山5种森林类型林冠截留影响因素浅析[J].西北农林科技大学学报:自然科学版,(11):173-179.

张焜,张洪江,程金花,等,2011.重庆四面山暖性针叶林林冠截留及其影响因素[J].东北林业大学学报,39(10):32-35.

张晓明,余新晓,武思宏,等,2005.黄土区森林植被对坡面径流和侵蚀产沙的影响[J].应用生态学报,16(9):1613-1617.

张兴奇,顾礼彬,等,2015.坡度对黔西北地区坡面产流产沙的影响[J].水土保持学报,29(4):18-22.

张一平,王馨,等.2004,热带森林林冠对降水再分配作用的研究综述[J].福建林学院学报,24(3):

274 – 282.

张一平,王馨,王玉杰,等,2003.西双版纳地区热带季节雨林与橡胶林林冠水文效应比较研究[J].生态学报,23(12):2653 – 2665.

张颖,牛健植,等,2008.森林植被对坡面土壤水蚀作用的动力学机理[J].生态学报,28(10):5084 – 5094.

张颖,谢宝元,余新晓,等,2009.黄土高原典型树种幼树冠层对降雨雨滴特性的影响.北京林业大学学报,31(4):70 – 76.

张振明,余新晓,牛健植,等,2005.不同林分枯落物层的水文生态功能[J].水土保持学报,19(3):139 – 143.

张志强,王礼先,余新晓,等.2001,森林植被影响茎流形成机制研究进展[J].自然资源学报,16(1):79 – 84.

张金屯,范丽宏,2011.物种功能多样性及其研究方法[J].山地学报,29(5):513 – 519.

章俊霞,李小军,左长清,2008.南方红壤入渗影响因素研究[[J].中国水土保持,2(6):27 – 29,60.

赵鸿雁,吴钦孝,等,2001.黄土高原人工油松林枯枝落叶截留动态研究[J].自然资源学报,16（4）:381 – 385.

赵鸿雁,吴钦孝,刘国彬,2002.山杨林的水文生态效应研究[J].植物生态学报,26（4）:497 – 500.

赵鸿雁,吴钦孝,刘国彬,2003.黄土高原人工油松林枯枝落叶层的水土保持功能研究[J].林业科学,39（1）:168 – 172.

赵洋毅,2011.缙云山水源涵养林结构对生态功能调控机制研究[D].北京:北京林业大学.

赵洋毅,王玉杰,王云琦,等,2011.基于修正的 Gash 模型模拟缙云山毛竹林降雨截留[J].林业科学,47(9):15 – 20.

赵益新,陈巨东,2007.通径分析模型及其在生态因子决定程度研究中的应用[J].四川师范大学学报(自然科学版),30(1):120 – 123.

郑粉莉,江忠善,高学田,2008.水蚀过程与预报模型[M].北京,科学出版社.

郑华,欧阳志云,王效科,等,2004.不同森林恢复类型对南方红壤侵蚀区土壤质量的影响[J].生态学报,24(9):1994 – 2002.

郑景明,赵秀海,张春雨,2007.北京百花山森林群落的结构多样性研究[J].北京林业大学学报,29(1):7 – 11.

郑绍伟,黎燕琼,陈俊华,等,2010.官司河流域防护林区大气降雨和树干径流特征研究[J].四川林业科技,(02):60 – 63.

郑腾辉,邢嫒嫒,何凯旋,等,2016.雨滴击溅与薄层水流混合侵蚀的输沙机理[J].西北农林科技大学学报:自然科学版,44(3):211 – 218.

中野秀章.李云森译,1983.森林水文学[M],北京:中国林业出版社.

周彬,韩海荣,等,2013.太岳山不同郁闭度油松人工林降水分配特征[J].生态学报,(05):1645 – 1653.

周国逸,1997.几种常用造林树种冠层对降水动能分配及其生态效应分析.植物生态学报,21(3):250 – 259.

周红敏,惠刚盈,等,2009.森林结构调查中最适样方面积和数量的研究[J].林业科学研究,22（4）:482 – 485.

周佳宁,王彬,王云琦,等,2014.三峡库区典型森林植被对降雨再分配的影响[J].中国水土保持科学,(4):28 – 36.

朱万才,李亚洲,李梦,2011.森林立地分类方法研究进展[J].黑龙江生态工程职业学院学报,(1):24 – 25.

祝志勇,季永华,2001.我国森林水文研究现状及发展趋势概述[J].江苏林业科技,(02):42 – 45.

祖元刚,赵则海,2005.非线性生态学模型[M].北京:科学出版社.

Aboal J R,Morales D Hernndezm,et al,1999. The measurement and modeling of the variation of stemflow in a laurel forest in Tenerife,Canary Islands[J]. Journal of Hydrology,221:161 – 175.

Alan M,Ali F,2010. Throughfall characteristics in three non – native Hawaiian forest stands[J]. Agricultural and Forest Meteorology, 150:1453 – 1466.

Allen R G,Peteira L S,Raes D,et al. ,1998. Crop transpiration guidelines for computing crop water requirements. FAO Irrigation and Drainage Paper 56, Rome:FAO.

Andréassian V,2004. Waters and forests:from historical controversy to scientific debate[J]. Journal of Hydrology, 291(1/2):1 – 27.

Arnau – Rosalén E,Calvo – Cases A,Boix – Fayos C,et al. ,2008. Analysis of soil surface component patterns affecting runoff generation. An example of methods applied to Mediterranean hillslopes in Alicante (Spain)[J]. Geomorphology,101(4):595 – 606.

Attarod P,Sadeghi S M M,Pypker T G,et al. ,2015. Needle – leaved trees impacts on rainfall interception and canopy storage capacity in an arid environment[J]. New Forests,46(3):339 – 355.

Bailey R L,Dell T R,1973. Quantifying diameter distributions with the Weibull function[J]. For Sci,19(2): 97 – 104.

Barros A P,Prat O P,Testik F Y. 2010. Size distribution of rain drops[J]. Nature Physics,6(6):232.

Boer M,Puigdefábregas J,2010. Effects of spatially structured vegetation patterns on hillslope erosion in a semiarid Mediterranean environment:a simulation study[J]. Earth Surface Processes & Landforms,30(2):149 – 167.

Brauman K A,Freyberg D L,Daily G C,2010. Forest structure influences on rainfall partitioning and cloud interception:A comparison of native forest sites in Kona, Hawai í[J]. Agricultural and Forest Meteorology,150(2): 265 – 275.

Buttle J M, Creed I F, Pomeroy J W, 2000. Advances in Canadian Forest Hydrological Processes [J]. 14(9): 1551 – 1578.

Cao G X,Duan X,Zhao Y Y,et al. ,2017. Rainfall Redistribution and Its Influencing Factors of Pinus Yunnanensis Forest, Mopan Mountain[C]// International Conference on New Energy and Sustainable Development. 611 – 621.

Carlyle – Moses D E,2004. Throughfall,stemflow,and canopy interception loss fluxes in a semi – arid Sierra Madre Oriental matorral community. Journal of Arid Environments,58 (2):180 – 220.

Carroll C,Merton L,Burger P,2000. Impact of vegetation cover and slope on runoff, erosion,and waterquality for field plots on a range of soil and spoilm aterials on central Queen lands coalmines. Aust SoilRes,38:313 – 327.

De G L,Bergeron Y,De G L,2012. Diversity and stability of understorey communities following disturbance in the southern boreal forest [J]. Journal of Ecology,90(6):777 – 784.

Deguchi A,Hattori S,Park H T. 2006. The influence of seasonal changes in canopy structure on interception loss: Application of the revised Gash model[J]. Journal of drology,318(1 – 4):80 – 102.

Dijk AIJMV,Bruijnzeel L A,2001. Modelling rainfall interception by vegetation of variable density using an adapted analytical model. Part 2. Model validation for a tropical upland mixed cropping system[J]. Journal of Hydrology,247(3 – 4):239 – 262.

Ekern P C. 1965. Evapotranspiration of Pineapple in Hawaii. [J]. Plant Physiology,40(4):736 – 739.

Flanagan D C,Gilley J E,Franti T G,2007. Water Erosion Prediction Project (WEPP):Development History, Model Capabilities,and Future Enhancements[J]. Transactions of the Asabe,50(5):1603 – 1612.

Frot E,Wesemael B V,2009. Predicting runoff from semi – arid hillslopes as source areas for water harvesting in the Sierra de Gador,Southeast Spain. [J]. Catena,79(1):83 – 92.

Garciaestringana P,Alonsoblázquez N,Marques M J,et al. 2010. Direct and indirect effects of Mediterranean vegetation on runoff and soil loss[J]. European Journal of Soil Science, 61(2):174 – 185.

Gash J H C,Lloyd C R,Lachaud G,1995. Estimation sparse forest rain fall interception with an analytical model. Journal of Hydrology,170:7886

Gerrits A M J, Pfister L, Savenije H H G,2010. Spatial and temporal variability of canopy and forest floor interception in a beech forest[J]. Hydrological Processes,24:3011 – 3025.

Grime J P,1998. Benefits of plant diversity to ecosystems:immediate,filter and founder effects[J]. Journal of Ecology,86(6):902 – 910.

Guevara – Escobar A,González – Sosa E,Véliz – Chávez C,et al,2007. Rainfall interception and distribution patterns of gross precipitation around an isolated Ficus benjamina tree in an urban area[J]. Journal of Hydrology, 333(2):532 – 541.

Guevaraescobar A,Gonzalezsosa E,Velizchavez C,et al. 2007. Rainfall interception and distribution patterns of gross precipitation around an isolated *Ficus benjamina* tree in an urban area[J]. Journal of Hydrology,333(2 – 4):532 – 541.

Gumiere S J,Bissonnais Y L,Raclot D,et al. ,2011. Vegetated filter effects on sedimentological connectivity of agricultural catchments in erosion modelling:a review[J]. Earth Surface Processes & Landforms,36(1):3 – 19.

Hafzullah Aksoy,M. Levent Kawas,2005. A review of hill – slope and watershed scale erosion and sediment transport models[J]. Catena,64(2 – 3):247 – 271.

Helvey J P atricJ H,1965. Canopy and litter in terception ofrain fall by hard woods of eastern United States. Water Resources Research,1:193 – 206.

Herbst M, Rosier P T W, M c Neil D D,et al. ,2008. Seasonal variability of interception evaporation from the canopy of deciduous forest. Agricultural and Forest Meteorology,148: 1655 – 1667.

Horton R E,1945. Erosional development of streams and their drainage basins,hydrophysical approach to quantitative morphology[J]. Geological Society of America Bulletin,56(3):275 – 370.

Jasper A V,Willem B,Stefan C D,et al,2002. Transpiration dynamics of an Austrian Pinestand and its forest floor: identifying controlling conditions using artificialneural net works. Advances in Water Resources,25:293 – 303.

Jetten V G,1996. Interception of tropical rain forest:performance of a canopy water balance model. Hydrological Processes,10:671 – 685.

Joss J,Waldvogel A,2012. A raindrop spectrograph with automatic analysis[J]. Pure and Apple Geophysics,68: 240 – 246.

Kelliher F M,Loyd J,Arneth A,et al,1998. Evaporation from acentralsiberian pine forest. Journal of Hydrology, 205:279 – 296.

Kruger A, Krajewski W F, 2002. Two – dimensional video disdrometer: A description[J]. Journal of Atmospheric and Oceanic Technology, 19(5):602 – 617.

Kubota Y, Kubo H, Shimatani K, 2007. Spatial pattern dynamics over 10 years in a conifer/broadleaved forest, northern Japan[J]. Plant Ecology, 190(1):143 – 157.

Laughlin D C, Abella S R, Covington W W, et al, 2009. Species richness and soil properties in Pinus ponderosa forests: A structural equation modeling analysis[J]. Journal of Vegetation Science, 18(2):231 – 242(12).

Leyton L, Reynolds E R C, Thompson F B, 1967. Rainfall interception in forest and moorland //Sopper W E, Lull H W, eds. International Symposium on Forest Hydrology. Toronto: Pergamon Press, :163 – 178.

Lfler – Mang M, Joss J, 2000. An optical disdrometer for measuring size and velocity of hydrometers[J]. Journal of Atmospheric and Oce – anic Technology, 17(2):130 – 139.

Li Z X, Zheng H, Ouyang Z Y, et al, 2004. The spatial distribution characteristics of throughfall under Abies faxoniana forest in the Wolong Nature Reserve[J]. Acta Ecologica Sinica, 24(5):1015 – 1021.

Limousin J M, Ram bal S, Our cival J M, etal. , 2008. Modelling rainfall interception in amed iterranean Quercu silex ecosystem: Lesson from a through fall exclusion experiment. Journal of Hydrology, 357: 5766.

Link T E, Unsworth M, Marks D, 2004. The dynamics of rainfall interception by a seasonal temperate rainforest[J]. Agricultural & Forest Meteorology, 124(3 – 4):171 – 191.

Liu Junran, Zhao Dongfang, 1997. Weibull distribution parameters and stand factor model of larix plantation[J]. Sci Silv Sin, 33(5):412 – 417.

Ludwig J A, Tongway D J, Marsden S G. 1999. Stripes, strands or stipples: modelling the influence of three landscape banding patterns on resource capture and productivity in semi – arid woodlands, Australia[J]. Catena, 37(1 – 2):257 – 273.

Mair A, Fares A, 2010. Throughfall characteristics in three non-native Hawaiian forest stands[J]. Agricultural and Forest Meteorology, 150(11):1453 – 1466.

Morenode l H M, Merinomartín L, Nicolau J M. 2009. Effect of vegetation cover on the hydrology of reclaimed mining soils under Mediterranean-Continental climate. [J]. Catena, 77(1):39 – 47.

Mueller E N, Wainwright J, Parsons A J, 2007. Impact of connectivity on the modeling of overland flow within semiarid shrubland environments[J]. Water Resources Research, 43(9):1 – 8.

Meyer H A, 1952. Structure, growth, and drain in balanced uneven – aged forests[J]. Journal of forestry, 50(2):85 – 92.

Nanko K, Mizugaki S, Onda Y, 2008. Estimation of soil splash detachment rates on the forest floor of an unmanaged Japanese cypress plantation based on field measurements of throughfall drop sizes and velocities[J]. Catena, 72(3):348 – 361.

Nanko K, Onda Y, Ito A, et al. , 2011. Spatial variability of throughfall under a single tree: Experimental study of rainfall amount, raindrops, and kinetic energy[J]. Agricultural & Forest Meteorology, 151(9):1173 – 1182.

Nystuen J A, 2001. Listening to raindrops from underwater: An acoustic disdrometer[J]. Journal of Atmospheric and Oceanic Technology, 18(10):1640 – 1657.

Omi P N, Wensel L C, Murphy J L, 1979. An application of multivariate statistics to land – use planning: classifying land units into homogeneous zones[J]. Forest Science, 25(3):399 – 414.

Onda Y, Yukawa N, 1994. The influence of under stories and litterlayer on the infiltrati on of forest hill slopes//Onda Y, Yukawa N. Proceedings of the In ternational Symposium on Forest Hydrology:Tokyo, Japan, 107 – 114.

Park A, Cameron J L, 2008. The influence of canopy traits on throughfall and stemflow in five tropical trees growing in a Panamanian plantation[J]. Forest Ecology and Management, 255(5 – 6):1915 – 1925.

Peng H H, Zhao C Y, Feng Z D, et al, 2014. Canopy interception by a spruce forest in the upper reach of Heihe River Basin[J]. Hydrological Processes, 28:1734 – 1741.

Pretzsch H, Pretzsch H, 1997. Analysis and modeling of spatial stand structures. Methodological considerations based on mixed beech – larch stands in LowerSaxony[J]. Forest Ecology & Management, 97(3):237 – 253.

R Motta, Edouard J L, 2005. Stand structure and dynamics in a mixed and multilayered forest in the Upper Susa Valley, Piedmont, Italy[J]. Canadian Journal of Forest Research, 35(1):21 – 36.

Raya A M, Zuazo V H D, Martínez J R F. 2010. Soil erosion and runoff response to plant-cover strips on semiarid slopes (SE Spain)[J]. Land Degradation & Development, 17(1):1 – 11.

Renard K G, Foster G R, Weesies G A, et al. , 1997. Predicting soil erosion by water: a guide to conservation planning with the Revised Universal Soil Loss Equation (RUSLE). [J]. Agriculture Handbook.

Rey F. 2010. Effectiveness of vegetation barriers for marly sediment trapping[J]. Earth Surface Processes & Landforms, 29(9):1161 – 1169.

Robin L H, 2003. Interception loss as a function of rain fall and forest types:stochastic modeling for tropical canopies revisited. Journal of Hydrology. (280):1 – 12.

Roth B E, Slatton K C, Cohen M J, 2007. On the potential for high – resolution lidar to improve rainfall interception estimates in forest ecosystems[J]. Frontiers in Ecology and the Environment, 5(8):421 – 428.

Rutter A J, Morton A J, 1977a. Predictive Model of Rainfall Interception in Forests. III. Sensitivity of The Model to Stand Parameters and Meteorological Variables[J]. Journal of Applied Ecology, 14(2):567 – 588.

Smith P L. 2003. Raindrop Size Distributions:Exponential or Gamma—Does the Difference Matter. [J]. Journal of Applied Meteorology, 42(2003):1031 – 1034.

Tanner C B, Shen Y, 1990. Water vapor transport through a flail chopped cornresidue. Soil Science Society of America, 54:945 – 951.

Toba T, Ohta T, 2005. An observational study of the factors that influence interception loss in boreal and temperate forests[J]. Journal of Hydrology, 313(3/4):208 – 220.

Tobón Marin C, Bouten W, Sevink J, 2000. Gross rainfall and its partitioning into throughfall, stemflow and evaporation of intercepted water in four forest ecosystems in western Amazonia. Journal of Hydrology, (237):40 – 57.

Valente F, David J S, et al. , 1997. Modelling interception loss for two sparse eucalypt and pine forests in central Portugal using reformulated Rutter and Gash analytical models[J]. Journal of Hydrology, 190(1 – 2):141 – 162.

Valentin C, Poesen J, et al. 1999. Soil and water components of banded vegetation patterns. [J]. Catena, 37(1 – 2):1 – 24.

Vásquez – Méndez R, Ventura – Ramos E, Oleschko K, et al. 2010. Soil erosion and runoff in different vegetation patches from semiarid Central Mexico[J]. Catena, 80(3):162 – 169.

Wallace J,Mcjannet D,2008. Modelling interception in coastal and montane rainforests in northern Queensland,Australia[J]. Journal of Hydrology,348(3/4):480 – 495. 25.

WANG Z H,DUAN C Q,2010. How do Plant Morphological Characteristics,Species Composition and Richness Regulate Eco – hydrological Function? [J]. Journal of Integrative Plant Biology,52(12):1086 – 1099.

Wilcox B P,et al. ,2005. Ecohydrology of semiarid landscapes[J]. Ecological Applications,15(3):889 – 900.

Wilcox B P,Newman B D. 2005. Ecohydrology of Semiarid Landscapes[J]. Ecology,86(2):275 – 276.

William M P,1996. Estimation of interception capacity of the forest floor. Journal of Hydrology,180:283 – 299.

Williams D G,2005. Ecohydrology of Water – Controlled Ecosystems:Soil Moisture and Plant Dynamics[J]. Eos Transactions American Geophysical Union,86(38):344 – 351.

Wood P J,Hannah D M,Sadler J P,2008. Hydroecology and Ecohydrology:Past,Present& Future[M]// Hydroecology and Ecohydrology:Past Present and Future. :773 – 777.

Yoshinobu S,Tomo' omiK,Atsushi K,et al,2004. Experimentalanalys is of moisture dynamics of litter layers the offects ofrain fallcond itions and leaf shapes. Hydrological Processes,18:3007 – 3018.

Yasuhiro K, Hiroyuki K, Kenichiro S. 2007. Spaial pattern dynamics over 10 years in a conifer/broadleaved forest, northern Japan[J]. Plant Ecology, 190: 143 – 157.

Youngblood A,Coe K,2004. Stand structure in eastside old-growth ponderosa pine forests of Oregon and northern California[J]. Forest Ecology & Management,199(s 2 – 3):191 – 217.

Zhang G,Zeng G M,Jiang Y M,et al,2006. Modeling and measurement of two-layer-canopy interception losses in a subtropical evergreen forest of central-south China[J]. Hydrology and Earth System Sciences Discussions,10 (1):65 – 77.

Zhang Jianguo,Duan Aiguo,Tong Shuzhen,2004. Review on the modeling and prediction of stand diameter structure [J]. For Res,17(6):787 – 795.

Zhang Z S,Li X R,Dong X J,et al,2009. Rainfall interception by sand-stabilizing shrubs related to crown structure [J]. Sciences in Cold and Arid Regions,1(2):107 – 119.